GOOD J❤B!

Neue Impulse für eine
absurde Arbeitswelt

von

Nicolas Burkhardt

Alexander Kornelsen

Florian Lanzer

Lucas Sauberschwarz

Lysander Weiß

Verlag Franz Vahlen GmbH

ISBN Print 978 3 8006 5653 0
ISBN E-Book 978 3 8006 5654 7

© 2019 Verlag Franz Vahlen GmbH,
Wilhelmstr. 9, 80801 München
Satz: Fotosatz Buck
Zweikirchener Str. 7, 84036 Kumhausen
Druck und Bindung: Druckhaus Nomos
In den Lissen 12, 76547 Sinzheim
Umschlaggestaltung: Ralph Zimmermann – Bureau Parapluie
Bildnachweis: ©Alliya2000 – depositphotos.com
Gedruckt auf säurefreiem, alterungsbeständigem Papier
(hergestellt aus chlorfrei gebleichtem Zellstoff)

Bad Job AG
Stockumer Str. 11
53433 Neustadt   18.12.2018

Kündigung des bestehenden Arbeitsvertrages

Sehr geehrter Herr Klinger,

mit diesem Schreiben kündige ich das bestehende Arbeitsver-
hältnis fristgerecht zum 30.03.2019.

Sie werden sich fragen, was meine Beweggründe sind. Glauben
Sie mir, diese Frage habe ich mir selbst oft gestellt und die Antwort darauf ist alles andere als einfach. Trotzdem möchte ich mit
diesem Schreiben den Versuch wagen, Licht ins Dunkel zu bringen. Denn ich bin überzeugt, dass ich mit meinen Erfahrungen
nur einer von vielen bin. Die Beispiele, die ich hier zusammen-
getragen habe, zeigen, wie absurd die Arbeitswelt ist, in der wir
uns täglich bewegen. Ich hoffe, dazu beitragen zu können, dass
die Dinge, die wir als gegeben hinnehmen, einmal grundsätzlich
hinterfragt werden.

Die ersten Vorzeichen der Misere zeigten sich bereits beim Auswahlverfahren. Wie jeder ambitionierte Bewerber habe ich mich
selbstverständlich ausgiebig vorbereitet. Ich konnte die mögliche
Anzahl von Golfbällen in einem Jumbojet bestimmen, Zahlen-
reihen weltmeisterlich vervollständigen und textsicher aus dem
Geschäftsbericht und dem Wikipedia-Eintrag des Unternehmens
zitieren. Meinen Lebenslauf habe ich natürlich auf die Anforderungen der Stellenausschreibung angepasst. Und in den Interviews und Assessment Centern war ich so sehr darauf bedacht, zu
der Person zu werden, die Sie suchten, dass Sie gar keine Chance
hatten, die Person kennenzulernen, die Ihnen gegenübersaß.
Stattdessen strahlte ich Ihnen als die motivierte, dynamische,
belastbare, kommunikations- und führungsstarke, erfahrene (aber
gleichzeitig junge) Person entgegen, die Sie sehen wollten, und

kam mir dabei vor wie eines der Stockfoto-Models, das unbedarften Jobsuchenden auf Ihrer HR-Webseite entgegen lächelt.

Damit Sie mich nicht missverstehen: Es geht nicht darum, Sie als Chef zu kritisieren, denn die Absurditäten der alten Arbeitswelt sind vielmehr systemischer Natur. Das Unternehmen als künstliches Konstrukt scheint bei Menschen geradezu unsinnige Verhaltensweisen hervorzurufen. Was ich damit meine, lässt sich am besten anhand eines Beispiels zeigen: Stellen Sie sich vor, Sie kommen morgens um 7:55 Uhr im Büro an und stellen fest, dass Sie heute der Erste sind. Eigentlich keine große Sache. Man könnte in Ruhe ankommen, die Tasche auspacken, einen Kaffee aufsetzen und entspannt mit der Arbeit beginnen. Stattdessen sprintet man zum Schreibtisch, betätigt dabei jeden Lichtschalter in Reichweite und startet den PC, während man mit der anderen Hand gleichzeitig wahllos Unterlagen auf dem Schreibtisch verteilt und seinen Mantel abstreift. Denn hier bietet sich die einmalige Chance, den Eindruck zu erzeugen, man sei schon seit einer Ewigkeit anwesend. Kommen um 7:57 Uhr weitere Mitarbeiter ins Büro, erinnert man diese gerne mit einem subtilen „Mahlzeit" an seine frühmorgendliche Glanzleistung, bevor man sich den verdienten Kaffee aus der Küche holt. Doch was bringt mir das? Warum fühle ich mich zu so einem Verhalten gedrängt, wenn es mir nicht dabei hilft, meine Arbeit schneller oder besser zu erledigen? Warum verschicke ich E-Mails vom Nachmittag erst am späten Abend, um zu zeigen, wie engagiert und belastbar ich bin? Warum gebe ich meinen Terminen im Outlook-Kalender besonders wichtig klingende Namen, um möglichst beschäftigt auszusehen? Warum benenne ich nicht die Lektionen, die ich aus gescheiterten Projekten lernen konnte, sondern verkaufe Misserfolge als Erfolge, um meine „Karriere" nicht zu gefährden?

Die Antwort fällt nicht leicht, denn ob Sie es glauben oder nicht, ich habe großen Spaß daran, einen guten Job zu machen. Nach einigen Jahren in meinem Beruf habe ich mich selbst sehr gut kennengelernt und weiß, wie ich meine Leistung optimal abrufen kann. Leider wird mir das in der Realität nicht gerade leichtgemacht. Die Begeisterung für unser neues Großraumbüro kann ich beispielsweise nicht sonderlich gut nachvollziehen. Klar, die Kommunikationswege sind kürzer, man fühlt sich nicht mehr so abgeschottet und die Firma spart bei der Miete. Doch zu welchem Preis? Das konzentrierte Arbeiten fällt extrem schwer. Gleichzeitig traue ich mich nicht mehr, meine Kopfhörer zu benutzen, weil das Gerücht entstand, ich würde nur Musik hören anstatt meinen Aufgaben nachzugehen.

Auch die Flucht ins Homeoffice hat so ihre Tücken. Neulich wurde ich beim Arbeiten im Café „erwischt" und dafür scharf kritisiert. Dass ich in dieser Atmosphäre gleichzeitig entspannter und produktiver arbeite, tut dabei nichts zur Sache, denn auch im Homeoffice herrscht Anwesenheitspflicht. Hausarrest-Office also.

Zum Glück gibt es ja noch den Urlaub. Pure Erholung – wäre nicht der Stress davor, währenddessen und danach! Und nein, wenn man um 20 Uhr noch am Schreibtisch sitzt, während alle anderen den Feierabend genießen, lässt ein „Aber machen Sie heute nicht mehr so lang" die Arbeit nicht auf magische Weise verschwinden. Dies ist in etwa so hilfreich wie das Memo der Geschäftsführung, die in Reaktion auf die massive Zahl an Überstunden in der Abteilung ein Verbot von mehr als 50 Überstunden auf dem Zeitkonto ausgesprochen hat. Wenn das Schiff sinkt, kann man ihm ja einfach verbieten, unterzugehen.

Ist der langersehnte Urlaub endlich da, wird man herzlich verabschiedet: „Zur Not können wir uns doch bei Ihnen melden?" Allein die Möglichkeit, einen Anruf aus dem Büro zu bekommen, erzeugt Stress. Zudem fällt es schwer, sich am Strand zu entspannen, wenn man weiß, dass sich am Horizont ein Berg aus E-Mails auftürmt, den man nach dem Urlaub erklimmen muss.

Doch dieses Jahr sollte dann endlich Schluss sein mit all diesen Problemen und ein Kulturwandel wurde ausgerufen! Jetzt weht durch unser Büro ein Hauch von Freizeit. Kickertisch, Sitzsäcke und mit Club Mate gefüllte Kühlschränke sollen die Wunderwaffe sein, um die umkämpfte „Generation Y" anzuziehen. Es herrsche ein „War for Talent", hieß es beim Kick-off der HR-Branding-Kampagne. „Wir müssen uns voll und ganz auf diese Zielgruppe ausrichten" wurde verkündet und deshalb werden freitags jetzt sogar die Krawatten im Schrank gelassen. Aber geht es nicht darum, die geeignetsten Mitarbeiter zu finden, statt die jüngsten? Und ganz nebenbei, Erika Kranich, Leiterin der Buchhaltung, hatte überhaupt keinen Spaß beim Longboard-Kurs. Kulturveränderungen lassen sich nicht mit Kickertischen herbeiführen und Teams nicht mit Drachenbootrennen und Hochseilgärten nachhaltig motivieren.

Und so sitze ich nun an meinem Computer und habe dieses irrational schlechte Gewissen, das Kündigungsschreiben während der Arbeitszeit aufzusetzen. Aber im Grunde ist es Arbeit, denn ich hoffe, dass Sie die ein oder andere Zeile dazu anregt, Dinge in Zukunft anders zu machen. Ich bin sogar überzeugt, dass Sie inzwischen selbst einige Beispiele im Kopf haben, die das Absurditäten-Kabinett der Arbeitswelt weiter befüllen würden.

Vielen Dank für die erkenntnisreiche Zeit in Ihrem Unternehmen.

Wie sagt man so schön: Ich wünsche Ihnen für die Zukunft alles Gute!

Mit freundlichen Grüßen

Inhalt

Praxiskommentare

Praxiskommentare

Vorwort

Wir befinden uns längst auf dem Weg in eine neue Arbeitswelt – ob wir dies nun wollen oder nicht. Entsprechend wichtig ist es für Unternehmen, diese Entwicklung zu antizipieren. Doch ein Blick in die tägliche Praxis zeigt, dass diese meist noch Prinzipien aus der Vergangenheit nachhängen. Und dies ist verständlich: Viele Unternehmen sind unter ganz anderen Bedingungen als den heutigen groß und erfolgreich geworden. Organisationen und Jobs wurden geschaffen, um vorgegebene, planbare Prozessschritte möglichst effizient abzuarbeiten. Daran richtete sich auch der Umgang mit den Mitarbeitern aus. Persönliche Bedürfnisse spielten eine untergeordnete Rolle.

In Zukunft wird dies nicht ausreichen. Unternehmen sind immer stärker auf Mitarbeiter angewiesen, die über reines Funktionieren hinaus flexibel agieren und selbstbestimmt denken und handeln. Je mehr rein funktionelle Tätigkeiten automatisiert werden, umso wichtiger wird es, das volle Potenzial der Mitarbeiter zu nutzen. Eine Betrachtung und Berücksichtigung der individuellen Fähigkeiten, Wünsche und Bedürfnisse der Mitarbeiter ist also vonnöten. Herzlich willkommen in der neuen Arbeitswelt!

Einige Unternehmen haben bereits damit begonnen, sogenannte „New Work"-Maßnahmen umzusetzen. Während ein Unternehmen an einem flexibleren Arbeitsplatz für seine Mitarbeiter arbeitet, führt ein anderes agile Steuerung ein und ein drittes wirft die Hierarchie vollständig über den Haufen. Hinter dem undefinierten „New Work"-Begriff kann sich also vieles verbergen. Doch was genau steckt nun dahinter? Und was davon ist für das eigene Unternehmen am relevantesten?

Allzu oft fehlt das Bindeglied zwischen theoretischen Visionen und praktischen Maßnahmen, um als Unternehmen und Mitarbeiter erfolgreich den Weg in die neue Arbeitswelt anzutreten. Kein Wunder: Das klassische Prinzip „Gießkanne" funktioniert hier nicht, der individuelle Abgleich zwischen Unternehmens- und Mitarbeiterbedürfnissen ist Trumpf.

Das Buch *Good Job!* schließt diese Lücke, indem Forschung passgenau eingeordnet und mit praktischen Impulsen versehen wird, um mögliche Wege in die neue Arbeitswelt aufzuzeigen. Dabei verzichten die Autoren auf Vorgaben oder One-Size-Fits-All-Lösungen. Vielmehr erweitern sie den Lösungsraum für Unternehmen in relevanten Dimensionen der Arbeitswelt. Damit erhalten Mitarbeiter genauso wie Unternehmen ein Werkzeug, um ihren individuellen Good Job zu gestalten.

Aus eigener Erfahrung kann ich sagen, dass dies der Schlüssel zum Erfolg sein wird. In meiner langjährigen Tätigkeit als internationaler Leadership-Trainer fallen mir immer wieder Teilnehmer auf, die hochmotiviert und voller Energie auch noch so große Herausforderungen meistern. Im Gespräch zeigt sich dann regelmäßig, dass diese Teilnehmer ihren „Good Job" bereits gefunden haben respektive gemeinsam mit ihrem Arbeitgeber gestalten konnten. Daher kann ich sagen, dass mir bis heute noch kein stärkeres Mittel zur Zufriedenheits- und Leistungssteigerung begegnet ist als der „Good Job".

Ich empfehle Ihnen, vor der Lektüre des Buches unter www.goodjob.jetzt/audit einmal selbst zu überprüfen, wie nah Sie Ihrem persönlichen Good Job bereits sind bzw. in welchen Dimensionen noch Nachholbedarf besteht.

Und nun: Viel Vergnügen bei Ihrer Reiselektüre auf dem Weg in die neue Arbeitswelt!

Daniel Schmidlin

Director des Center of New Work,
SGMI Management Institut St. Gallen

GOOD JOB

–

ERFOLGREICH IN DER NEUEN ARBEITSWELT

♥

„Wähle einen Beruf, den du liebst,
und du brauchst keinen Tag in deinem Leben mehr zu arbeiten."
– Konfuzius

Diesen bereits 2500 Jahre alten Aphorismus findet man heute als Werbeslogan von Berufsberatungen, auf Instagram-Postings von Reisebloggern oder als Wanddekoration in Start-up-Büros. Doch bei den meisten Menschen wird dieser Satz wohl eher Frustration auslösen. Schließlich sind in Deutschland nur 15 % der Mitarbeiter mit Engagement bei der Arbeit. Die überwältigende Mehrheit dagegen macht „Dienst nach Vorschrift" (71 %) oder hat sogar innerlich gekündigt (14 %).[1]

Keine guten Voraussetzungen für die „neue Arbeitswelt", in der repetitive, lineare und planbare Tätigkeiten vermehrt von Maschinen und Algorithmen übernommen werden, während es am Menschen liegt, den (digitalen) Wandel zu gestalten. Laut des Future of Jobs Report 2018 des World Economic Forum werden bis 2022 weltweit 75 Millionen Jobs automatisiert. Gleichzeitig werden 133 Millionen neue Jobs geschaffen, bei denen verstärkt analytisches Denken, aktives Lernen, sowie Kreativität, Originalität und Proaktivität im Vordergrund stehen.[2]

Diese neuartige Welt, auf die wir uns mit rasantem Tempo zubewegen, hat einen Namen: „VUCA-Welt". Das Acronym bezieht sich auf deren vier Haupteigenschaften: Volatility (Unbeständigkeit), Uncertainty (Unsicherheit), Complexity (Komplexität) und Ambiguity (Mehrdeutigkeit).[3] Oder wie es in einem Artikel der Harvard Business Review zusammengefasst wird: „Hey, it's crazy out there!"[4]

Unternehmen müssen auf diese zunehmend komplexe, dynamische, wenig vorhersehbare, „verrückte" Welt reagieren. Während sie bisher darauf ausgerichtet waren, möglichst effizient zu funktionieren, müssen sie sich in Zukunft vor allem durch Kundenzentrierung, Agilität und Kollaboration auszeichnen.[5] Davon sind die meisten Unternehmen jedoch noch meilenweit entfernt: in der globalen Human Capital Trends Studie 2017 von Deloitte geben lediglich 14 % der teilnehmenden Unternehmen an, diese Voraussetzungen bereits zu erfüllen.[6]

Wie kann diese drastische Lücke geschlossen werden? Sicherlich nicht mithilfe von Mitarbeitern, die „Dienst nach Vorschrift" machen oder gar innerlich gekündigt haben. Es braucht vielmehr Mitarbeiter, die mit Engagement bei der Arbeit sind und den notwendigen Wandel im Unternehmen aktiv mitgestalten.

Doch wie finde ich solche Mitarbeiter? Und wie kann ich deren Engagement nachhaltig sicherstellen? Wie gehe ich mit dem Teil der bestehenden Belegschaft um, der aktuell wenig engagiert bei der Arbeit ist? Wie kann ich auch hier den notwendigen Gestaltungswillen entfachen? Antworten bietet ein Blick in die Erforschung überdurchschnittlich erfolgreicher Unternehmen und Mitarbeiter.

In einer 2015 veröffentlichten Studie wurden drei Aktienportfolios in der Kategorie *Glassdoor „Best Places to Work"* mit dem Standard & Poors 500 (S&P 500)-Aktienindex der 500 größten börsennotierten US-amerikanischen Unternehmen verglichen. Das Ergebnis: Im gesamten fünfjährigen Untersuchungszeitraum wurde der Markt von den „Best Places to Work"-Portfolios klar geschlagen. Mitarbeiter, die mit ihren Jobs zufrieden sind, scheinen demnach auch einen guten Job (für das Unternehmen) zu machen. Dies bestätigt auch eine in der Harvard Business Review zitierte Meta-Analyse, die auf Basis von über 200 (!) Studien belegt, dass glückliche Mitarbeiter im Schnitt eine 31 % höhere Produktivität und eine dreimal so hohe Kreativität aufweisen.[7] Weitere Studien zeigen, dass dieser Zusammenhang insbesondere für komplexe Tätigkeiten gilt.[8]

Der Schlüssel liegt also in einem *Good Job*: Wenn Mitarbeiter das Gefühl haben, einen guten Job zu haben, dann *machen* sie auch einen guten Job!

Die Effekte eines solchen *Good Job* reichen deutlich über die Arbeit hinaus. Eine Studie des Roman Herzog Instituts zeigt, dass sich die Chance auf eine höhere *Lebenszufriedenheit* bei Mitarbeitern um ganze 22 % erhöht, wenn deren Arbeitszufriedenheit um nur einen einzigen Prozentpunkt wächst. Unternehmen haben es also in der Hand, über eine Verbesserung der Jobqualität nicht nur den Erfolg des Unternehmens zu steigern, sondern auch zu einem signifikant glücklicheren Leben ihrer Mitarbeiter beizutragen!

Doch warum werden diese Zusammenhänge von Unternehmen kaum beachtet? Warum werden Mitarbeiter stattdessen allzu oft in eine absurd anmutende Arbeitswelt gezwängt, die zu schlechteren Unternehmensergebnissen und einem unglücklicheren Leben der Angestellten führt? Lassen Sie uns zur Beantwortung dieser Frage einen kleinen Schwenk machen.

Robbert Dijkgraaf, niederländischer Physiker und Autor, erzählt in seinem Buch „Blikwisselingen" von westlichen Anthropologen in Papua-Neuguinea. Nach seiner Anekdote trafen die Forscher dort auf einen primitiven Stamm, der zuvor noch nie in Kontakt mit dem modernen Leben außerhalb des Dschungels, geschweige denn mit der westlichen Welt, gekommen war. Die Anthropologen führten ihnen einen einstündigen Film vor, der das Leben in Manhattan zeigte: Wolkenkratzer, Menschenmassen, Autos, Flugzeuge etc. Im Anschluss fragten sie die Stammesmitglieder, was sie gesehen hatten. Die unerwartete Antwort: *„Ein Huhn!"* Die verblüfften Forscher wussten sich nicht anders zu helfen, als das Videomaterial selbst erneut zu sichten. Und tatsächlich: Wenige Sekunden der Aufnahme zeigten einen Mann mit einem Huhn im Bild. Was war geschehen? Dijkgraaf beschreibt, dass den Stammesmitgliedern die „Klammer im Gehirn" fehlte, um das Gesehene überhaupt einordnen zu können. Das Huhn war der einzige Anknüpfungspunkt zwischen den für sie abstrakten, völlig fremden Bildern und ihrer eignen Welt. Aus diesem Grund waren sie für alle anderen Dinge blind.

♥

Auch im Unternehmenskontext kann man diese metaphorischen Hühner tagtäglich finden. Dinge, die man „immer schon so gemacht" hat oder „die einfach logisch" sind. Mit diesem Buch geht es uns darum, den Blick von den Hühnern zu nehmen und die Tür in eine Welt voller abwegig erscheinender Häuserschluchten, Blechlawinen und Menschenmassen aufzustoßen. Wir möchten der heutigen, absurden Arbeitswelt neue Impulse entgegensetzen, um bei Unternehmern, Führungskräften und Mitarbeitern gleichermaßen Lust auf die Reise in eine neue Arbeitswelt zu entfachen.

Macht es Sinn, auf Basis vergangener Erfahrungen zu rekrutieren, wenn die zukünftigen Aufgaben noch unbekannt sind? Was passiert mit uns, wenn Maschinen zunehmend unsere Arbeit übernehmen? Kann man in einer Welt glücklich werden, in der es keine Beförderungen gibt? Was haben Hunger und Verrücktheit mit Erfolg zu tun? Kann man auch ohne flache Hierarchien zeitgemäß und erfolgreich führen? Ist es möglich, weniger zu arbeiten und dabei mehr zu erreichen? Was passiert mit der Arbeit, wenn man keinen Arbeitsplatz mehr hat? Ist es besser, Arbeit und Leben zu trennen oder diese zu verschmelzen? Und wie bekommt man bei dieser ganzen Debatte alle Generationen unter einen Hut?

Um diese und viele weitere Fragen zu beantworten, freuen wir uns, Sie in den nachfolgenden Kapiteln auf eine Reise von der alten in die neue Arbeitswelt mitzunehmen – weg von den althergebrachten Absurditäten und hin zu einem nachhaltig erfolgreichen Unternehmen dank glücklicherer Mitarbeiter.

Gerne begleiten wir Sie bei dieser Reise auch abseits des Buches. Auf www.goodjob.jetzt finden Sie nicht nur relevante Downloads und Tools passend zu den Inhalten des Buches, sondern auch stets neue Inhalte und Austauschmöglichkeiten, sowie das „Good Job Audit" zur Bestimmung Ihres persönlichen Good Job-Profils.

Anmerkung der Autoren:
Wenn wir in diesem Buch von Kollegen, Mitarbeitern, Führungspersonen oder anderen Berufsbezeichnungen sprechen, so meinen wir gleichermaßen Frauen und Männer.

LEBENSENTWURF
statt
LEBENSLAUF

♥

OLIVER BERGER

" *Es gibt Momente, bei denen man erst im Nachhinein merkt, dass schon ganz zu Beginn etwas schiefgelaufen ist. Manchmal ist das in Beziehungen auch so. Du lernst jemanden kennen, denkst ‚Wow!' und erst später stellt sich heraus, dass die netten kleinen Makel im Alltag doch ziemlich nervig, ziemlich häufig und vor allem nur die Spitze des Eisbergs sind.*

Dass das auch in meinem ersten Job so werden könnte, habe ich mir ehrlich gesagt nicht vorstellen können. Nach der Uni hat man eher gedacht: bewerben, überzeugen, durchstarten, Karriere machen. Immer schön als Teamplayer, klar, aber doch mit einem ganz eigenen Spirit. Was in dem Kontext in Wirklichkeit für ein absurder Krampf stattfindet – darauf wird man nicht vorbereitet.

Es fing bereits früh an zu knarzen. Als ich mich beworben habe, gab es im Prinzip nur noch Online-Bewerbungen. Ich kann mich daran erinnern, wie ich abends um 23:00 Uhr verzweifelt versuchte, meine persönlichen Daten in ein unattraktives Template zu quetschen und mir das System mehrfach meldete ‚Anhang fehlt' oder ‚Ihr Anhang überschreitet die Maximalgröße von 1MB'. Als ich die extra für die Bewerbung geschossenen Fotos bis zur Unkenntlichkeit komprimiert hatte, klappte es endlich. Im Prinzip hätte ich bereits wegen des nun unglaublich pixeligen 89 Euro Fotos lachen müssen, aber so locker ist man ja doch nicht.

Aller Anfang ist bekanntlich schwer. Dass man es den Bewerbern aber bewusst oder unbewusst so schwer wie möglich macht, wirkt schon recht eigenartig. Als richtig großes Kino empfand ich mein Vorstellungsgespräch. Ich betrat den Raum, in dem mein zukünftiger Chef saß. Er bat mich nach ein paar Begrüßungsformeln, von meinem Lebenslauf zu erzählen. Ich berichtete also von meinen Abiturnoten, von meiner Studienwahl, von meinen unzähligen Praktika, schönte ein wenig meine Sprachkenntnisse und erzählte von meinem Auslandsjahr. Und mein Gegenüber? Er wechselte zwischen „keine Reaktion" – wahrscheinlich, weil ohnehin schon alles bekannt war – und einem soufflierten Stichwortgeben für meinen auswendig gelernten CV-Monolog. Ehrlich gesagt ist es schon recht lustig, welchen Abstand man zu seinem eigenen Leben bekommt, wenn man es wie einen Schauspieltext aufsagt.

Und dieses Schauspiel galt im Übrigen vice versa. Wie perfekt einstudiert kam genau an der Stelle, an der ich darauf hätte wetten können, der vorwurfsvolle Satz: ‚Von 2006–2007, Herr Berger, da haben Sie eine Lücke im Lebenslauf.' Eigentlich hätte ich da antworten sollen: ‚Ja! War geil!' Aber sowas macht man als Berufsanfänger dann doch nicht. Und so habe ich mein Party- und Reisejahr stattdessen als ‚Gap Year' verklausuliert. Dass ich in diesem Jahr wirklich coole Sachen gemacht habe, die mich prägten, und dass so eine Auszeit auch in meinem weiteren Leben immer wieder Bestandteil sein sollte, haben wir damals nicht thematisiert. Hätten wir wohl besser machen sollen.

Insgesamt glich das Vorstellungsgespräch eher einem schlechten Bühnenstück. Ich glaube, da liegt grundsätzlich auch das Problem vieler Bewerbungsgespräche: dieser seltsame Paartanz durch die Vergangenheit. Niemand interessierte sich damals dafür, wie ich mir mein Berufsleben vorstellte, geschweige denn mein Leben überhaupt. Es ist wie auf einer Checkliste: Sprachkenntnisse gelesen, erzählt bekommen, passt. Lücke im Lebenslauf thematisiert, Standardantwort erhalten, Kandidat nicht gestrauchelt, check.

Und so ist diese Beziehung bis heute wohl die zweier sich fremder Partner. Die Organisation hat es nie interessiert, wer ich tatsächlich bin und noch weniger, wer ich einmal sein möchte. Stattdessen wollte man immer wissen, ob ich die System-Schablone kenne und wie gut ich mich an diese anpassen kann.

Und so ist es am Ende wie immer. Man beginnt sich anderweitig umzuschauen, um zu sehen, ob es nicht doch etwas gibt, das besser zum eigenen Lebensentwurf passt. **❝❝**

„*Wer sind Sie?*" Eine Frage, mit der wahrscheinlich jeder schon einmal im Verlauf eines Bewerbungsprozesses konfrontiert wurde. Und die intuitive Reaktion ist meistens die gleiche. Man hangelt sich chronologisch an vermeintlich wichtigen Stationen des Lebenslaufs entlang. Abschlüsse, Erfolge, Auszeichnungen – Lorbeeren aus allen Lebensabschnitten werden hervorgekramt, um dem Gegenüber ein möglichst schmeichelhaftes Bild davon zu zeichnen, wer man ist.

Doch wer ist man eigentlich? Eine vermeintlich leicht zu beantwortende Frage, denn wer sollte dies besser wissen als Sie selbst? Ich bin Thomas, 54, aus Aachen, Geschäftsführer eines mittelständischen Familienunternehmens. Ich bin Anna, 35, Marketing-Managerin aus München. Intuitiv greift man zu den Datenpunkten: Name, Alter, Wohnort und Beruf. Reicht dies noch für Bildunterschriften in Zeitungen oder Kandidatenvorstellungen in Game-Shows aus, wäre wohl kaum jemand damit einverstanden, zu sagen, dass man einzig die Summe dieser vier Eckdaten sei. Je nach Situation beschreibt man sich auch als Fußballfan, Christ, Mutter, Migrant, Träumer, Alkoholiker oder Philanthrop. In Zeiten von Social Media gibt es sicherlich Menschen, die sich als Summe ihrer Selfies definieren. Philosophen würden vielleicht sagen, dass sie über kein „Ich" verfügen, sondern nur über die Illusion eines „Ichs". Und Biologen könnten argumentieren, dass der Mensch nach aktuellem Stand der Forschung in etwa aus so vielen Bakterien und einzelligen Mikroben wie aus

♥

eigenen Körperzellen besteht. Kein Grund gleich von einem „Wir" zu sprechen, doch definitiv etwas, dass einem zu denken geben kann.[1]

Insofern erscheint es geradezu unmöglich, eine eindeutige Identität von sich selbst zu bestimmen. Oder um es in den Worten des Schriftstellers Lothar Baier auszudrücken: *„Identitäten sind hochkomplexe, spannungsgeladene, widersprüchliche symbolische Gebilde – und nur der, der behauptet, er habe eine einfache, eindeutige, klare Identität, der hat ein Identitätsproblem."*[2]

Und damit nicht genug. Denn die eigene Identität ändert sich im Zeitverlauf und kann sich auch von Situation zu Situation unterscheiden. In einem Moment sind Sie Vater, im anderen Sohn. Jetzt sind Sie Ehemann und im nächsten Moment Sänger einer AC/DC-Coverband. Wie der Philosoph Richard David Precht es formuliert: *„Wir haben keine dauerhafte Zugehörigkeit mehr zu etwas. Es gibt natürlich immer noch Menschen, die die haben, aber mehrheitlich entwickelt sich die Gesellschaft in die Richtung, dass wir uns nicht mehr ein Leben lang mit einer bestimmten Rolle identifizieren."*[3] Die Variabilität der eigenen Identität steigert sich also stetig – geprägt durch eine sich rasant verändernden Welt, in der wir uns ständig neu suchen und finden bzw. erfinden müssen. Eine große Herausforderung für Unternehmen, die bewerten müssen, ob ein bestimmter Job-Kandidat mit seiner individuellen Identität gewinnbringend für die Zukunft des Unternehmens sein wird.

Zum Glück steht den Unternehmen für diesen Zweck eine Vielzahl von Werkzeugen zur Verfügung. Und diese werden auch gnadenlos eingesetzt. So ist es heute eher die Regel als die Ausnahme, dass Bewerber in wochen- und sogar monatelangen Prozessen aus Bewerbungsunterlagen, Gesprächen, Tests, Arbeitsproben und Assessment Centern auf Herz und Nieren geprüft werden. Ein kräftezehrendes Unterfangen sowohl für Bewerber als auch für Unternehmen. Doch der Grund dafür ist einleuchtend, liegen die geschätzten Kosten für eine Fehlbesetzung doch zwischen dem anderthalb- und dreifachen des Jahresgehalts.[4]

> **Facebook: Investitionen in Recruiting zahlen sich aus**
>
> „Für Facebook ist im Recruiting-Prozess eine klar strukturierte Vorgehensweise die Voraussetzung für eine erfolgreiche Auswahl. Hier nutzen wir: Klare Rollenprofile und Identifikation von Anforderungen, umfangreiche und mehrfache ‚Interview-Loops', klare Interview-Strategien und Rollenaufteilung der Interviewer, gemeinsame Reviews der Interviews, Rollenspiele und Aufgaben. Dies ist durchaus aufwändig, doch wir haben festgestellt, dass Zeit und Geld hier sehr wertvoll investiert sind. Kurz: Wer mehr in den Recruiting-Prozess investiert, findet auch bessere Talente.

Es gibt darüber hinaus noch viele weitere Ansätze, wie erfolgreiche Recruiting-Strategien aussehen können. Der auf persönlichen Werten und Eigenschaften beruhende Value-Hiring-Ansatz erscheint mir dabei in dynamischen Umfeldern ein besonders effektiver zu sein. Auch in der Folge glaube ich an die individuelle Entwicklung: Ein situatives Management entlang klarer Ziele, bei dem der Weg zur Zielerreichung nicht entscheidend ist, birgt oft den Schlüssel zum Erfolg. Das gilt für Strategien und Taktiken im Business, aber natürlich auch für persönliches Wachstum und Karriere."

Jin Choi
ist bei Facebook verantwortlich für die Großkunden im Bereich FMCG, Retail, Entertainment & Media. Er kennt den „Kampf um Talente" – sowohl aus Sicht von Facebook als auch bei vielen seiner Kunden – und weiß daher, was im Recruiting-Prozess wichtig ist.

Ein fundamentales Problem zeigt sich gleich zu Beginn des Bewerbungsprozesses. Laut einer Studie der Universität Bamberg weiß die Mehrzahl der Unternehmen gar nicht, wodurch sich ein guter Bewerber auszeichnen muss, um auf einer bestimmten Stelle im Unternehmen erfolgreich zu sein.[5] Da überrascht es nicht, dass selbst im „War for Talent" mehrheitlich auf althergebrachte Heuristiken in der Bewerberauswahl gesetzt wird. Noch immer genießt der Lebenslauf bei Personalern einen extrem hohen Stellenwert, 99 % halten ihn für wichtig oder sehr wichtig. Für drei von vier ist es das erste Dokument, das angesehen wird.[6] Und das ist problematisch. Eine Eye-Tracking-Studie, die das Verhalten von Recruitern beim Lesen von Lebensläufen untersuchte, zeigte, dass die initiale Entscheidung, ob der Bewerber passt oder nicht, innerhalb von nur sechs Sekunden erfolgt. Von den vier bis fünf Minuten, die durchschnittlich für das Dokument aufgewendet werden, entfallen 80 % auf die Datenpunkte Name, Firma/Titel aktuell, Firma/Titel vorherig, Start- und Enddatum der Positionen und Bildung.[7] Diese bilden auch die hauptsächliche Basis für die finale Entscheidung.

Solch eine Entscheidung setzt natürlich voraus, dass die Dokumente Auskunft über die ungeschönte Wahrheit geben. Dabei zeigt sich die Problematik fast schon zu plakativ. Schließlich kommt das Wort „Bewerbung" von „werben" und nicht von „Tatsachen widerspiegeln". Die Bewerbung wird so zu einem auf die Stellenausschreibung zugeschnittenen Marketingdokument. Dies kann Bewerber auch dazu anleiten, Informationen möglichst schmeichelhaft auszuwählen, zu schönen, wegzulassen oder sogar zu verändern. Übrigens auch ein gängiges Phänomen im (späteren) Bewerbungsgespräch, bei dem offenbar 81 %

♥

der Menschen die Unwahrheit sagen.[8] Ein prominentes Beispiel der extremeren Art ist die ehemalige SPD-Bundestagsabgeordnete Petra Hinz, die unter anderem ihr Abitur sowie juristische Staatsexamina vortäuschte.[9]

Doch selbst wenn alle Angaben im Lebenslauf korrekt sind, ist deren Aussagekraft fragwürdig. Ein Grund dafür ist, dass sie sich stets auf die Vergangenheit beziehen und sich daraus nur begrenzt Rückschlüsse auf die zukünftige Leistung und den Leistungswillen ableiten lassen. Was sagt die Vergangenheit von Angela Merkel als FDJ-Sekretärin über ihre heutige Eignung als Bundeskanzlerin aus? Sind Studienabbrecher wie Bill Gates, Mark Zuckerberg, René Obermann oder Günther Jauch aus heutiger Sicht Kandidaten, die man aussortieren würde? Was verraten die im Lebenslauf aufgeführten Hobbies über uns? Wäre es förderlich oder hinderlich für Johnny Depp, dass er nicht nur ein leidenschaftlicher Barbie-Sammler ist, sondern das Spielen mit den Puppen als „(…) eine Sache, in der ich gut bin!" beschreibt?

Der Lebenslauf verleitet dazu, sich von vermeintlichen Kausalitäten blenden zu lassen. Das Marktforschungsunternehmen Gartner untersuchte beispielsweise bei einem US-amerikanischen Finanzdienstleister die Korrelation zwischen den Noten von Mitarbeitern und deren späterer Leistung im Unternehmen. Die Erkenntnis: Noten hatten keinerlei Aussagekraft in Bezug auf das Potenzial der Mitarbeiter. Irrelevant war übrigens auch, an welchem College der Abschluss erworben wurde.[10] Beim Technologie- und Dienstleistungsunternehmen Xerox gelangte man im Rahmen einer Analyse gar zu der Erkenntnis, dass Mitarbeiter mit einer kriminellen Vergangenheit bei der Arbeit im Call Center in der Regel eine bessere Leistung zeigten als ihre gesetzestreuen Kollegen.[11]

Mit Blick auf die Zukunft ist der Vergangenheitsbezug des Lebenslaufes sogar noch kritischer zu beurteilen. Wir befinden uns in einer immer weniger vorhersehbaren Welt, in der die exponentielle Veränderung von technologischen, sozioökonomischen und demographischen Rahmenbedingungen zunehmend spürbar wird. Diese Entwicklung zeigt sich zum Beispiel an der Entstehung neuer Geschäftsmodelle. Oder wie es der Verfechter des digitalen Darwinismus, Tom Goodwin, in seinem viralen Tweet veranschaulichte:

> „Uber, das weltgrößte Taxiunternehmen, besitzt keine Fahrzeuge,
> Facebook, das populärste Medienunternehmen der Welt,
> kreiert keine Inhalte, Alibaba, das am höchsten bewertete
> Handelsunternehmen, besitzt kein Lager und Airbnb, der weltgrößte
> Anbieter von Unterkünften, besitzt keine Immobilien.
> Hier geschieht gerade etwas Interessantes."
> – Tom Goodwin

In den vergangenen industriellen Revolutionen hatte man noch Dekaden, um Ausbildungssysteme und Arbeitsmarktinstitutionen an solche veränderten

Rahmenbedingungen anzupassen. Heute bleibt uns diese Zeit nicht. Die Veränderung ist derart schnell, dass 50 % des Wissens von Studenten, welches sie sich im ersten Jahr eines vierjährigen technischen Studiengangs aneignen, bereits zum Zeitpunkt ihrer Graduierung veraltet ist.[12]

Und so kann sich der Auswahlprozess der Unternehmen in Zukunft nicht mehr (ausschließlich) auf die im Lebenslauf vermittelten, vergangenen Daten fokussieren. Ob Start-up oder Konzern: in vielen Fällen wird es nicht mehr darum gehen, „fertig ausgebildete" Experten zu finden, sondern diejenigen an Bord zu holen, die die Fähigkeiten und den Willen mitbringen, um sich kontinuierlich an die Herausforderungen sich verändernder Rahmenbedingungen in der neuen Arbeitswelt anzupassen.

TÜV Rheinland Consulting: Talent sticht Lebenslauf

„TÜV Rheinland Consulting war in der Vergangenheit oft zu langsam und unkreativ im Angesicht aktueller Marktanforderungen. Um gegenzusteuern, sind wir jetzt im Transformationsprozess dabei, schrittweise Schwachstellen zu beheben. In diesem Prozess haben wir unter anderem feststellen müssen, dass es einen ‚Clash of Cultures' gibt: Junge Einsteiger haben ein anderes Arbeitsverständnis als viele erfahrene Mitarbeiter. Entsprechend haben wir sowohl unser Recruiting umgestellt, als auch neue Maßnahmen für die bestehende Mannschaft entwickelt.

Im Recruiting wurde klassische Berufserfahrung in der Priorisierung nach hinten gestellt und stattdessen nach Talenten gesucht. Wir folgen damit der Vorgabe, dass es keine ‚Nachbesetzungslogik' mehr gibt und dem Glauben, dass jedes Talent eine produktive, werthaltige Aufgabe findet. Ganz ohne Vorstellung, wie jemand bei uns reinpasst, geht es natürlich nicht. Die Neuen werden durchaus von Anfang an einem Bereich zugeordnet, aber es gibt nicht zwingend schon ‚das' Projekt, in dem sie nach der Einarbeitung eingesetzt werden. Wir achten bei der Einstellung eher darauf, dass ein Kandidat in die digitale Welt passt, zur angestrebten, agilen Arbeitsweise und zu unseren Werten. Um solche Talente zu finden, arbeiten wir eng mit Hochschulen zusammen, bieten schon vor dem Abschluss ein Trainee- oder Werkstudentenprogramm an und nutzen ein ‚Hire-a-friend'-Modell. So können wir die Menschen im besten Fall bereits durch andere Personen oder durch ihre Arbeit kennenlernen.

Für die Überbrückung der Generationen in der bestehenden Mannschaft haben wir ein spezielles Patenkonzept entwickelt, das erfahrenen Mitarbeitern ermöglicht, von den Junioren zu lernen. Wir haben also das alte Konzept der Patenschaften umgedreht. Der Ablauf ist

♥

ganz einfach: Jede Führungskraft trifft sich mit einem Neueinsteiger. Dann entscheiden beide, ob sie zusammenpassen. Jedes Jahr startet der Manager den Prozess erneut, um frischen Input zu bekommen. Wie sich die beiden austauschen, ist ihnen selbst überlassen. Der Manager muss offen sein und das auch dem Junior zeigen. Es gab bereits den Fall, dass zwei Kollegen beim gemeinsamen Essen feststellten, dass sie beide in dem Patenprogramm waren. Einer der beiden äußerte sich dabei schmunzelnd kritisch über die ‚verstaubten' Manager und musste feststellen, dass sein Gegenüber nicht Junior, sondern selbst Manager war.

Ich habe selbst oft versucht, die Junior-Paten in agilem, digitalem Arbeiten herauszufordern, aber vergeblich – sie hatten immer die Nase vorne! Diese Beispiele zeigen: TÜV Rheinland Consulting hat sich auf den richtigen Weg begeben. Wir sind uns im Management aber natürlich auch bewusst, dass es eine Entdeckungsreise der permanenten Weiterentwicklung ohne konkretes Ende ist."

Kai Höhmann
leitet als Geschäftsführer der TÜV Rheinland Consulting GmbH das Beratungsgeschäft mit Fokus auf technischen Dienstleistungen – und muss entsprechend mit den richtigen Mitarbeitern das Unternehmen an die neuen Marktbedingungen anpassen.

Doch wie finde ich solche Kandidaten? Auf welcher Basis sollte das Unternehmen entscheiden, wer zu einem persönlichen Vorstellungsgespräch eingeladen werden sollte und wer nicht? Mehr als die Hälfte der Recruiter in Personalabteilungen geben an, dass dies der härteste Teil ihrer Arbeit ist. Das liegt unter anderem daran, dass es sich einerseits um einen sehr zeitaufwändigen Prozess handelt, andererseits nur eine geringe Datenbasis als Entscheidungsgrundlage vorliegt.[13]

Und was tut der moderne Mensch in unserem Zeitalter, wenn er nicht weiterweiß? Er fragt eine Maschine – oder wann haben Sie das letzte Mal gegoogelt? Maschinen versprechen hier in der Tat Abhilfe. Eine Suchmaschine reicht natürlich nicht aus. Gefragt sind neuartige, lernende Systeme, die sogenannte künstliche Intelligenz (KI). Im Recruiting ist KI mittlerweile eher die Regel als die Ausnahme. So geben in einer aktuellen Studie mit 770 Personalverantwortlichen nur 32 % der Befragten in Europa an, KI *nicht* bei der Mitarbeitersuche einzusetzen.[14]

Die konkreten Anwendungsfälle von KI sind vielfältig. Das Unternehmen Netflix nutzte ein selbstlernendes System beispielsweise dazu, um die Lebensläufe der besten bereits angestellten Data Analysts auf Übereinstimmungen zu überprüfen. Im Ergebnis zeigte sich, dass Mitarbeiter mit einem großen Interesse an Musik im besonderen Maße ihre kreativen und analytischen Fähigkeiten zur Anwendung bringen. Damit zeichneten sich diese Musikliebhaber als besonders geeignet für den Job aus. Entsprechend wurde bei der Auswahl neuer Data Analysts anschließend aktiv nach dieser Eigenschaft im Lebenslauf gesucht.[15]

Unternehmen wie Tesla, Accenture und LinkedIn gehen sogar noch einen Schritt weiter und ersetzen den Lebenslauf gänzlich durch eine technologische Lösung auf Basis künstlicher Intelligenz. Hier werden mithilfe eines 30-minütigen, spielerischen Online-Tests die aktuellen kognitiven und emotionalen Fähigkeiten eines Kandidaten evaluiert, um zu entscheiden, ob dieser gut zur Stelle passt und mit welcher Wahrscheinlichkeit er im anvisierten Job erfolgreich sein wird.[16]

Die Entwicklung auf dem Gebiet der künstlichen Intelligenz und deren Einsatzmöglichkeiten im Recruiting wird in den nächsten Jahren rasant voranschreiten. Heute schon können kostenlose Tools wie IBM Watson Personality Insights persönliche Charakteristika, Bedürfnisse und Werte aus Textausschnitten, die von Personen verfasst wurden, herauslesen und vorhersagen. Dazu können Texte aus sozialen Medien oder E-Mail-Korrespondenz ausgewertet werden. Doch was bleibt ist die Frage, ob wir uns eine Welt wünschen in der Karriereentscheidungen von Maschinen getroffen werden. Eine Welt von gläsernen Bewerbern und dennoch intransparenten Entscheidungen, wie Marc-Uwe Kling sie in seinem satirischen Roman Qualityland zeichnet:

> „Das oberste Ziel der allermeisten Algorithmen ist es aber, mehr Profit zu generieren. Solange sie das tun, interessiert sich kein Schwein dafür, ob irgendein armer Schlucker irgendeinen Job nicht bekommen hat, weil im Profil eines anderen Typen mit seinem Namen steht, dass er mal dem Chef in den Pool gepinkelt hat. Es wird ihm ja eh keiner sagen, warum er abgelehnt worden ist. Wie könnte er sich also beschweren? Und bei wem?"
> – *Marc-Uwe Kling*

Auch wenn der erste humanoide Roboter Sophia bereits Staatsbürger von Saudi-Arabien ist und vor den Vereinten Nationen sprechen durfte, sind wir noch weit davon entfernt, den Maschinen das Ruder komplett zu überlassen. Während Verfechter des maschinellen Recruitings argumentieren, dass menschliche Fehler wie Diskriminierung abgeschafft würden, warnen andere Experten paradoxerweise davor, dass Recruiting-Roboter von Natur aus sexistisch und rassistisch seien.[17] Dies liegt nicht an den Systemen selbst, sondern an den Daten, mit denen sie trainiert werden. Forscher an der Universität Princeton experimentierten mit Texten aus dem Internet und untersuchten Wortpaarungen. Dabei wurden weibliche Namen stärker mit Familie und Karrierewörter stärker mit männlichen Namen assoziiert. Trainiert man Systeme nun mit diesen Datensätzen, übernehmen diese auch die vom Menschen kreierten Stereotypen. Aus dem gleichen Grund steht eine Software, die in den USA genutzt wird um Straftaten vorherzusagen, in der Kritik. Denn es konnte gezeigt werden, dass diese voreingenommen gegenüber Afroamerikanern agiert. Und selbst Amazon verabschiedete sich 2017 von seinem über Jahre entwickelten Recruiting Tool, das künstliche Intelligenz nutzte, um Bewerber zu evaluieren. Warum? Es stellte sich heraus, dass es Frauen bei der Bewerberauswahl diskriminierte.[18]

Egal also ob Mensch oder Maschine: Eine Vorselektion von Job-Kandidaten, die zu stark auf (historischen) Daten basiert, ist gefährlich. Nicht nur in Bezug auf mögliche Diskriminierung, sondern auch in Bezug auf mögliche Fehlentscheidungen bei der Mitarbeiterauswahl. Doch was ist die Alternative?

Hier kommen wir wieder zurück auf die Frage „Wer bin ich?". Wie wir bereits erfahren haben, wissen Unternehmen mehrheitlich nicht, wodurch sich gute, erfolgversprechende Bewerber auszeichnen. Besonders schwierig wird es natürlich, wenn die Bewerber selbst nicht wissen, was sie auszeichnet – zumindest abseits der üblichen Eckdaten ihres Lebenslaufes. Um dieser Herausforderung zu begegnen, setzen mittlerweile mehr als 60 % der deutschen Großunternehmen Persönlichkeitstest im Recruiting ein.[19]

Solche Persönlichkeitstest scheinen insbesondere durch die Verknüpfung mit einem sogenannten Matching-Algorithmus ihr volles Potenzial zu entfalten. Schließich ist es auf diese Weise möglich, dass sich – glaubt man der Werbung – alle elf Minuten ein Single verliebt. Liebes- und Arbeitsverhältnisse sind gar nicht so unterschiedlich. Und da ist es nicht verwunderlich, dass Persönlichkeitsanalysen in Kombination mit Matching-Algorithmen auch im Recruiting Anwendung finden. So nutzen Unternehmen wie Microsoft, Lidl, ADAC oder Merck zum Beispiel die Technologie von matching box, dessen Gründer Benjamin Pieck interessanterweise zuvor einen Matching-Algorithmus für ein großes Dating-Portal mitentwickelte.

Normalerweise suchen Bewerber im ersten Schritt passende Unternehmen aus und bewerben sich dann auf eine entsprechende Stelle. Mithilfe des Matching-Algorithmus wird dieser Prozess auf den Kopf gestellt. Denn hier erfolgt zunächst eine Persönlichkeitsanalyse, um Persönlichkeitstypen, Soft-Skills und Interessen abzuleiten. Und auf dieser Basis werden dem Bewerber im Anschluss automatisch passende Unternehmen und Positionen vorgeschlagen. Passt der Bewerber nun auch in den Kriterienkatalog des entsprechenden Unternehmens ist das „Match" perfekt. Happy end! Oder?

matching box: Hire-for-Fit – Der auf den Kopf gestellte Bewerbungsprozess

„Wir glauben, dass jedes Unternehmen eine besondere DNA hat und dass es im Bewerbungsprozess um mehr geht als Noten und Referenzen. Aus diesem Grund rücken wir den individuellen und unverkennbaren Fingerabdruck jedes Bewerbers in den Vordergrund: Seine Werte und Persönlichkeit.

Über eine wissenschaftliche Online-Analyse gewinnen Bewerber wichtige Erkenntnisse zu ihren personalen Kompetenzen und erfahren, welche Tätigkeitsbereiche im Berufsleben für sie am Besten geeignet sind. Im ‚Matching'-Prozess werden dann die Testergebnisse der Kandidaten mit hinterlegten Stellenanzeigen, Karrierefaktoren sowie Aspekten der Kultur von Unternehmen abgeglichen.

Dass in diesem Prozess bewusst weiche Komponenten wie Persönlichkeitsmerkmale, individuelle Stärken und Potenziale analysiert werden, war für viele Unternehmen anfangs schwer zu verstehen. Aber mit dem aktuellen Wandel der Arbeitswelt steigt das Interesse und die Notwendigkeit, mehr als den Lebenslauf zu betrachten.

Wir unterstützten zum Beispiel eine große Marketing-Agentur zunächst in der Rekrutierung neuer Mitarbeiter. Als diese eingestellt waren, gab es aufgrund fehlender Strukturen aber niemanden, der sie einarbeiten konnte. Gleichzeitig mussten die neuen Angestellten so schnell wie möglich handlungsfähig sein. Was haben wir gemacht? Wir nutzten die bereits vorhandenen Persönlichkeitsprofile der rekrutierten Mitarbeiter, um rollenbasierte Teams aufzubauen, statt klassische, funktionsbasierte Teams. So haben sich selbstgesteuerte Einheiten gebildet, die sich gegenseitig eingearbeitet haben. Es gab viel mehr Austausch von Wissen, schnellere Prozesse und mehr Zusammenarbeit. Wenn die richtigen Mitarbeiter gefunden und passend eingesetzt werden, ist genau diese passgenaue Zusammenarbeit in jedem Unternehmen möglich."

Benjamin Pieck
ist Co-Founder der matching box GmbH, die sich auf die persönlichkeitsbasierte Zusammenführung von Unternehmen und Kandidaten spezialisiert hat.

Auch wenn die Persönlichkeit eines Bewerbers zum Unternehmen und der entsprechenden Position passt, ist dies – wie auch beim Dating – noch kein Garant dafür, dass die beiden Parteien langfristig zusammenbleiben. Schließlich ändern sich Menschen bzw. deren Identitäten über die Zeit. Und so stellt sich die Frage, wer der neue Mitarbeiter in einem, in fünf oder in zehn Jahren sein wird.

> „Was passiert mit uns in der Zukunft?
> Werden wir Arschlöcher oder so?"
> – Marty McFly, Zurück in die Zukunft

Auch wenn es für Unternehmen unzählige Vorteile hätte: Ohne Zeitmaschine wie sie Marty McFly im Film Zurück in die Zukunft zur Verfügung steht, werden wir nie mit Sicherheit sagen können, was aus uns oder unseren Mitarbeitern in Zukunft werden wird. Auch künstliche Intelligenzen werden Probleme haben, dies exakt vorherzusagen. Denn sogar wir selbst können es nur erahnen. Und auch wenn wir uns genaue Ziele setzen, wird es wohl selten so laufen, wie wir es uns vorstellen. Oder sind Sie genau zu dem geworden, was Ihr zehnjähriges Ich sich gewünscht hätte? Dass wir nicht in einer Welt mit ausschließlich Astronauten, Tierärzten, Ballett-Tänzerinnen und Feuerwehrleuten leben, haben wir dem Fakt zu verdanken, dass sich Wünsche, Bedürfnisse und Lebensarten über die unterschiedlichen Lebensphasen hinweg verändern.

Dennoch lohnt es sich, die Frage nach dem „Lebensentwurf" zu stellen. Denn gelingt es Unternehmen, die individuelle Zukunftsvision eines Bewerbers und die dahinterliegenden Werte und Bedürfnisse zu ergründen, findet ein Kennenlernen auf einer sehr persönlichen Ebene statt.

Auf ebendiese Ebene wagt sich zum Beispiel der kanadische Sportartikelhersteller Lululemon. Dieser hat die Frage nach dem Lebensentwurf bereits 1998 in der Unternehmenskultur verankert. Lululemon-Mitarbeiter werden im Rahmen eines dafür entwickelten Programms dabei unterstützt, ihre persönliche Zehnjahresvision für Karriere, Gesundheit und Privatleben zu erarbeiten. Mit einem speziellen Arbeitsblatt werden Fragen nach persönlichem Umfeld, Leidenschaft, Erfahrung, Inspiration, Errungenschaften und vielen weiteren Lebenszielen gestellt. Auf dieser Basis werden konkrete und messbare Zehn-, Fünf- und Einjahresziele abgeleitet. Bemerkenswert ist, dass Lululemon jeden Mitarbeiter dazu ermutigt, das Arbeitsblatt mit dem persönlichen Lebensentwurf am eigenen Arbeitsplatz aufzuhängen. Dies soll bewirken, dass die Beziehung der Mitarbeiter untereinander ein tiefergehendes Niveau erreicht, denn Träume und Wünsche sagen viel über die eigene Persönlichkeit aus. Darüber hinaus können sich Mitarbeiter gegenseitig bei der Erreichung des persönlichen Lebensentwurfes helfen. Auch das Unternehmen unterstützt hier aktiv. Wenn es für einzelne Mitarbeiter besonders wichtig ist, Zeit mit der Familie zu verbringen, wird es nicht hinterfragt, wenn sie das Büro um 17:00 Uhr verlassen. Wenn es das Ziel eines Mitarbeiters ist, an die US-West-küste zu ziehen, kann über einen Job im Büro in Los Angeles verhandelt werden.[20]

Warum ist dieses Beispiel so wichtig für den Bereich Recruiting? Weil es eine völlig neue Frage stellt. Könnten wir nicht statt: „Wer bist Du und warum passt Du zu der ausgeschriebenen Stelle?", viel besser fragen: „Wer bist Du, wer willst Du sein und wie können wir Dir dabei helfen?". Auf diese Weise würde man vermeiden, dass ein Bewerbungsprozess primär aus Werbung besteht. Man würde neben der Eignung die wahren Motive eines Mitarbeiters erfahren. Dies erlaubt nicht nur, kurzfristig besser einzuschätzen, ob der Kandidat zum Unternehmen passt, sondern auch, ihn bestenfalls langfristig in der Erreichung seines Lebensentwurfes zu unterstützen.

Aufmerksame Leser werden nun sagen, dass die Frage „Wo sehen Sie sich selbst in fünf bzw. zehn Jahren?" zum Standardrepertoire eines jeden Recruiters zählt. Und das ist richtig. Doch greift diese Frage schlichtweg zu kurz, zielt Sie doch eher auf Karriereentscheidungen ab – zum Beispiel: „Ich sehe mich in fünf Jahren als Teamleiter mit zwei Jahren Führungserfahrung eines kleinen Teams am Sprung zur ersten höheren Managementposition." Was würden Sie sagen, wenn der Kandidat antwortet: „Ich sehe mich in zehn Jahren als jemanden, der einen Marathon gelaufen ist, an der US-Westküste lebt und umgeben ist von seiner Familie, mit der er sehr viel Zeit verbringt"? Bei welchem der beiden Kandidaten haben Sie es wohl geschafft, eine so persönliche Beziehung aufzubauen, dass dieser Ihnen einen „wahren" Blick in seinen Lebensentwurf erlaubt?

Der persönliche Lebensentwurf, die individuelle Persönlichkeit, aktuelle Fähigkeiten, gesammelte Erfahrungen oder bestimmte (vergangenheitsbezogene) Datenpunkte: Welche Informationen werden schlussendlich für die richtige Entscheidung für oder gegen einen Kandidaten benötigt? Eine allgemeingültige Antwort auf diese Frage kann es nicht geben, da Unternehmen und deren Anforderungen an Mitarbeiter zu unterschiedlich sind. Klar ist nur, dass die gesamte Bandbreite an Maßnahmen von der standardisierten Auswertung des Lebenslaufes bis hin zur individuellen Erarbeitung des Lebensentwurfes im konkreten Fall relevant sein kann.

RECRUITING

STANDARDISIERT				INDIVIDUELL
Filterung nach Daten & Fakten	**Abfrage vorheriger Erfahrungen**	**Prüfung aktueller Fähigkeiten**	**Ermittlung persönlicher Charakteristika**	**Erarbeitung individueller Lebensentwurf**
Auswahl durch Filterung/Auswertung historischer Datenpunkte wie Alter, Noten, Positionen etc.	Auswahl durch Abfrage vorheriger Erfahrungen wie Aufgaben, Rollen, Verantwortlichkeiten etc.	Auswahl durch Prüfung gegenwärtiger, relevanter Hard- und Softskills wie Fachwissen, Führungskompetenz etc.	Auswahl durch Ermittlung individueller Persönlichkeitsmerkmale wie Empathie, Gewissenhaftigkeit etc.	Auswahl durch Erarbeitung persönlicher Zukunftsvision, inkl. Lebensziele, Wünsche, Werte etc.
z.B. anhand von Lebensläufen, Bewerberdatenbanken	z.B. durch Interviews, Fragebögen, Referenzen	z.B. mithilfe von Tests, Assessment Centern, Cases	z.B. Persönlichkeitstests, Strength Finder, BigFive	z.B. durch Coaching, psychologische Tools

Lebensläufe bzw. historische Daten und Fakten werden auch in den nächsten Jahren noch wichtig sein, denn es gibt Berufe, in denen man sehr genau wissen möchte, welche Erfahrungen und Qualifikationen ein Bewerber mitbringt. Einem Facharzt ohne den Nachweis einer entsprechenden Ausbildung würde man wohl kaum das Leben der Patienten anvertrauen und eine Professur nicht ohne nachweisbar akademische Qualifikation vergeben. Jedoch ob beispielsweise jeder Manager ein BWL-Studium braucht bzw. einen bestimmten Notenspiegel, kann man zumindest kritisch hinterfragen. Dass ausgerechnet unternehmerische Persönlichkeiten gerne über „ungerade" Lebensläufe verfügen, ist inzwischen auch kein Geheimnis mehr. So ergeben sich für Branchen, Unternehmen, Abteilungen und Positionen individuelle Charakteristika, die es bei der Auswahl der richtigen Recruiting-Maßnahmen zu berücksichtigen gilt. Und eines sollte im Bewerbungsprozess zudem niemals in Vergessenheit geraten: Es handelt sich noch immer um Menschen. Es gilt daher, stets genau hinzusehen und sich nicht von Zahlen, Daten, Fakten und Tagesleistungen an Auswahltagen täuschen zu lassen.

IMPULSE

1. Wer sind Sie? Wie würden Sie sich vorstellen, ohne Name, Alter, Beruf und Wohnort zu nennen?

2. Wer sind Ihre Mitarbeiter und Kollegen? Was wissen Sie wirklich über sie?

3. Welche Auswahlverfahren setzen Sie aktuell ein. Was erfahren Sie bei diesen *nicht* über die Kandidaten?

4. Wodurch muss sich ein Mitarbeiter auszeichnen, um auf der ausgeschriebenen Stelle erfolgreich zu sein? Was hat ehemalige, erfolgreiche Mitarbeiter auf dieser Stelle ausgezeichnet? Kennen Sie deren Erfolgsgeheimnis?

5. Kann sich durch den Einsatz von Technologie alle 11 Minuten ein Bewerber in Ihr Unternehmen verlieben?

6. Wie stellen Sie sich Ihr Leben in fünf oder zehn Jahren vor? Kann Ihnen der Job dabei helfen, diese Vision in die Wirklichkeit umzusetzen?

7. Kennen Sie den Lebensentwurf Ihrer Mitarbeiter und Kollegen? Fragen Sie einmal danach – vielleicht auch im nächsten Bewerbungsgespräch!

BEGEISTERUNG

statt

BEFÖRDERUNG

♥

OLIVER BERGER

❞ *Wenn ich mich heute daran erinnere, wie ich damals in die Arbeitswelt gestartet bin, frage ich mich inzwischen, wo dieser Typ eigentlich abgeblieben ist. Er muss wohl irgendwo zwischen zwei unsinnigen Meetings hier im Unternehmen verloren gegangen sein. Oder er wartet immer noch vor dem Beförderungskarussell auf seine nächste Fahrt. Wie dem auch sei ...*

Damals jedenfalls, als ich gerade frisch von der Uni kam, war ich noch unglaublich motiviert. Bis in die Haarspitzen sozusagen. Und dass, obwohl das Bewerbungsgespräch hier so sinnbefreit abgelaufen ist. Für meinen Tatendrang bedeutete das aber erstmal keinen Abbruch. Ganz im Gegenteil. Ich sprühte nur so vor Motivation. Ich war heiß und wollte Dinge, die ich bisher theoretisch gelernt hatte, endlich in die Praxis umsetzen – PS auf die Straße bringen, wie man so schön sagt. Mit Drive und Begeisterung für meine Aufgabe überzeugen. Und dann irgendwann Schritt für Schritt Karriere machen.

Von diesem Zauber war nach ein paar Monaten schon nicht mehr viel übrig. Tatsächlich hieß es eher ‚Nächster Halt: Realität. Bitte alle Träumer aussteigen.‘ Mit der Zeit bekam ich nämlich mit, dass nur die wenigsten meiner Kollegen ehrlich begeistert waren und dass die Mehrheit stattdessen vorwiegend ‚politisch‘ aktiv war. Möglichst stromlinienförmig und schön ohne anzuecken durch den Tag. So lautet hier die Devise. Das Ziel: sich so für die nächste Beförderungsrunde in Position zu bringen. Und das ist nicht mal böse gemeint, ich habe eine Menge netter Kollegen. Ganz sicher haben die ähnlich angefangen wie ich. Irgendwie traurig, oder? Von Enthusiasmus, Weiterentwicklung oder intrinsischer Motivation für die Sache sieht man jedenfalls wenig. Die persönliche Agenda und Ego-Strategien dominieren das Tagesgeschäft.

Da strategischere Themen sich natürlich besser zur internen Positionierung eignen, entbrannte um diese meist ein regelrechter Kampf unter den Kollegen. Leider war ich dabei allzu oft der Verlierer, für den anschließend nur der operative Rest übrig blieb: Eine maximale Anzahl an Aufgaben mit einer minimalen Anforderung an Abwechslung und eigenständigem Denken. Irgendwann habe ich mich mal dabei ertappt, wie ich im Internet während der Arbeit das Wort ‚Langeweile‘ in diverse Sprachen übersetzt habe. Ich wollte wohl die ganze Welt unterbewusst um eine interessante Aufgabe bitten.

Tatsächlich gab es sowas ja mal. Mein Chef kam damals ab und an zu mir und gab mir Sonderaufgaben. Meist weniger spannend, zugegeben eher von der Kategorie ‚Fleißarbeit‘. Aber einmal, das weiß ich noch, kam er mit einem echten Knaller. Ein Thema, das wirklich gut zu mir passte. Sehr herausfordernd und genau das, was ich in dem Moment haben wollte.

Ich sollte die Aufgabe bis zum Ende der Woche erledigen. Und es war Dienstag.

Da ich meine sonstigen Themen bereits abgearbeitet hatte, konnte ich mich super motiviert an die Sache machen und war bereits am Mittwoch fertig. Ein geniales Gefühl. Meine Präsentation habe ich dann einer Kollegin zum Quercheck gesendet, bevor sie weiter an meinen Chef gehen sollte. Ihr Feedback? ‚Ja, finde ich ziemlich gut, kannst Du definitiv so weiterleiten. Aber darf ich Dir mal einen Tipp geben? Arbeite nicht so schnell. Das kommt hier nicht so gut an.'

Ich hielt das zunächst für einen Witz, bemerkte dann aber, dass nur ich lächelte. Und so habe ich Schritt für Schritt angefangen ein paar Gänge runterzuschalten – auf die natürliche (Schritt-)Geschwindigkeit im Unternehmen. Begeisterung und Motivation habe ich mir danach versucht über andere Themen zu holen, ehrlicherweise auch während der Arbeitszeit. Ganz wie die Kollegen. Aber wenn man mal darüber nachdenkt, ist das schon verrückt, oder?

Wie alle anderen habe ich mich mental irgendwann vor allem damit über Wasser gehalten, dass ich ein gutes Gehalt fürs ‚Low-Performen' bekomme und mit den zwei vermeintlichen Beförderungen auch der Titel inzwischen sexy klingt: Head of Vertical Market Management. Zumindest hier intern hat das wohl eine Bedeutung. Doch was genau bedeutet es mir?

Es war in meinem letzten Urlaub – dem ersten längeren seit einigen Jahren – als ich erstmals die Zeit gefunden habe, mein Berufsleben ein bisschen zu reflektieren. Ich saß allein am Strand, als ich feststellen musste, in welcher Blase ich inzwischen hockte. Ich war ehrlich erschrocken, als ich darüber nachdachte, wie ich mich über die letzten Jahre viel zu viel an politischen Spielchen und der eigenen Positionierung abgearbeitet habe und meiner eigentlichen Freude und Motivation am Job kaum mehr nachgekommen bin. Und jetzt, wo ich mal ganz ehrlich sein kann: das kann weder für mich noch für das Unternehmen sinnvoll gewesen sein. **❝**

Oben ist es immer besser. Und wenn es noch nicht besser ist, bist du noch nicht oben. Dies ist zumindest ein weit verbreiteter Glaube in den Führungsetagen der Unternehmen und wird in der Regel nicht nur während der gesamten Karrieredauer des Mitarbeiters gelebt, sondern sogar davor. Warum sonst werben Unternehmen bereits in Stellenanzeigen mit „guten Aufstiegschancen"?

Ein auf Beförderung basierendes Anreizsystem scheint zunächst einleuchtend. Wer sich anstrengt, wird befördert. Und da es oben bekanntlich besser ist als unten, möchte natürlich auch jeder befördert werden und erhöht seine Arbeitsleistung, um dieses Ziel zu erreichen. Aber ist dies wirklich so sinnvoll, wie es auf den ersten Blick erscheint? Kann die Leistung optimal sein, wenn die

♥

aktuelle Position als nicht optimal empfunden wird? Schließlich wartet bereits die nächsthöhere, vermeintlich „bessere" Position. Und sind Top-Manager in der Konsequenz am glücklichsten, weil sie am obersten Ende der Karriereleiter angekommen sind? Oder gar am wenigsten motiviert, weil sie nicht mehr befördert werden können?

Unternehmen manövrieren sich durch das eigens geschaffene System in eine schwierige Lage. Denn folgt man der Logik, wird der Systemfehler schnell offensichtlich. Fakt ist, es gibt weder die Möglichkeit noch die Absicht, alle Mitarbeiter ständig zu befördern. Wenn Beförderung allerdings als Heilsversprechen gilt und entsprechend positiv besetzt ist, kann Nicht-Beförderung nur negativ sein. Folglich schafft man eine Voraussetzung für das Glücklichsein, die per Definition nicht erfüllt werden kann.

Nun sind Unternehmen nicht dazu verpflichtet, Mitarbeiter glücklich zu machen. Es stellt sich allerdings die Frage, ob in einem so gearteten System das optimale Potenzial der Mitarbeiter ausgeschöpft werden kann. Um den Erfolg eines Unternehmens zu garantieren, reicht es schließlich nicht aus, im „War for Talent" die besten Talente zu rekrutieren. Ebenso entscheidend ist es, diese anschließend zu Höchstleistungen zu motivieren.

Stehen Mitarbeitern die notwendigen Werkzeuge zur Verfügung, um ihr Bestes zu leisten? Wollen sie ihre Bestleistung überhaupt abrufen? Und wie gelingt es, die Motivation der Mitarbeiter nachhaltig aufrecht zu erhalten?

Mit diesen Fragen beschäftigen sich Wissenschaft und Praxis schon seit vielen Jahren. In den 1960er-Jahren schlug Douglas McGregor, Professor am Massachusetts Institute of Technology (MIT), zwei unterschiedliche Theorien und entsprechende Managementstile zur Motivation vor – die berühmten Theorien X und Y. Theorie X unterstellt, dass der Mensch grundsätzlich unwillig ist. Entsprechend ist in diesem Fall ein autoritäres Management nötig, welches der Tendenz der Mitarbeiter, Arbeit zu vermeiden, entgegenwirken muss – beispielsweise durch eine genaue Vorgabe der Arbeitsabläufe oder strenger Kontrolle.[1] Eine Tendenz, Arbeit zu vermeiden, hat sicherlich schon jeder noch so gewissenhafte Arbeitnehmer mehr als einmal verspürt. Manchmal ist es einfach attraktiver, die Zeit in der Raucherecke, der Kaffeeküche oder in sozialen Medien zu verbringen, als seine Aufmerksamkeit dem Tagesgeschäft zu widmen. Ob dieses Verhalten jedoch von einem grundsätzlichen Unwillen zeugt, der durch Macht und Kontrolle bekämpft werden muss, ist zumindest in Jobs mit einem Minimum an Attraktivität fraglich. Deshalb stimmt sicherlich die Mehrheit der heutigen Manager zu, dass McGregors Theorie Y näher an der Realität moderner Wissensarbeiter liegt. Denn diese sieht den Menschen als von innen motiviert, seine Ich-Bedürfnisse zu erfüllen und nach Selbstverwirklichung zu streben. Und es wird in der Folge ein partizipativer Managementstil vorgeschlagen, der durch Freiheiten Raum für Verantwortung, Eigeninitiative und Kreativität schafft.

Heute, mehr als 50 Jahre später, weiß man, dass die Frage, ob Menschen grundsätzlich motiviert sind (Theorie Y) oder nicht (Theorie X), zu kurz greift. Denn Menschen sind *immer* motiviert, auch wenn sie rauchen, Kaffee trinken oder im Internet surfen. Sie sind dann nur eben nicht motiviert, die ihnen zugedachten Aufgaben zu erledigen. Die viel entscheidendere Frage ist demnach, *warum* Menschen motiviert sind. Was ist es genau, dass sie antreibt, ein bestimmtes Verhalten an den Tag zu legen?

In der aktuellen Wirtschaftsliteratur, aber auch in der Praxis, begegnet einem in diesem Zusammenhang häufig die Unterscheidung zwischen intrinsischer und extrinsischer Motivation. Ist man intrinsisch motiviert, tut man etwas um der Sache willen, bei extrinsischer Motivation verfolgt man hingegen eine Aktivität, um ein der Sache fremdes Ergebnis zu erzielen. Spiele ich beispielsweise Gitarre, weil mir das Spielen Freude bereitet, bin ich intrinsisch motiviert. Spiele ich hingegen, um Geld zu verdienen, um Menschen zu beeindrucken oder sogar nur, um besser zu werden, verfolge ich ein der Sache fremdes Ziel und bin somit extrinsisch motiviert. Wenn mir etwas Freude bereitet, werde ich damit auch nicht aufhören, wenn ich ein gewisses Ziel erreicht habe. Daher ist es nicht verwunderlich, dass intrinsischer Motivation nachgesagt wird, langfristiger und beständiger zu sein.

In der Arbeitswelt führt dies erwiesenermaßen dazu, dass intrinsisch motivierte Mitarbeiter, die Freude an ihrer Arbeit verspüren, dreimal so engagiert sind und eine deutlich höhere Arbeitsleistung an den Tag legen, als extrinsisch motivierte Mitarbeiter, für die Arbeit nur Mittel zum Zweck ist.[2] Da sie weniger auf monetäre Ziele fokussiert sind, können intrinsisch motivierte Mitarbeiter ihrer intellektuellen Neugier folgen, neue Fähigkeiten erlernen oder Spaß bei der Arbeit empfinden, und damit Bestleistungen erbringen.[3] Stephen King zum Beispiel, der mit über 400 Millionen verkauften Büchern zu den berühmtesten und wohl auch reichsten Autoren der Welt gehört, schrieb laut eigener Aussage kein Buch aus extrinsischer Motivation wie Geld oder Ruhm heraus, sondern aus Freude am Schreiben selbst:

> „Ja, ich haben einen Haufen Knete mit meinen Geschichten verdient, aber ich habe nie ein einziges Wort aufs Papier gesetzt, weil ich dafür bezahlt wurde. Ich habe geschrieben, weil es mich erfüllt hat … Ich hab es für den Kick getan. Ich tat es aus purer Freude. Und wenn man es aus Freude macht, dann kann man es für immer machen."
> *– Stephen King*

Die meisten werden nun sagen, das sei alles nichts Neues und genauso ist es auch. Umso verwunderlicher ist es, dass Motivation in Unternehmen auch heute noch primär auf extrinsische Anreizsysteme setzt. In unserer Gesellschaft und in vielen Unternehmenskulturen wird suggeriert, dass man nach

♥

mehr Geld, Anerkennung, Macht und Selbstverwirklichung im Job streben müsse, dann komme das Lebensglück von ganz allein. Je höher ich also auf der Karriereleiter komme, desto besser wird mein Leben. Ganz nach dem Motto von Gordon Gecko, dem rücksichtslosen Investmentbanker im Film Wall Street:

> „Es geht nur um die Kohlen, Junge, alles andere ist unwichtig!"
> – *Gordon Gecko, Wall Street*

Nun ist ebendies bei Menschen so eine Sache, denn erwiesenermaßen macht mehr von etwas nicht nachhaltig glücklicher. In einer 2010 im Journal of Vocational Behavior veröffentlichten Metastudie, die 120 Jahre Forschung einbezog, wurde bestätigt, dass die Zufriedenheit von Menschen mit ihrem Gehalt unabhängig von der tatsächlichen Höhe des Gehaltes ist.[4] Eine oft zitierte Studie der Nobelpreisträger Angus Deaton und Daniel Kahnemann zeigt zudem, dass ab einer bestimmten Grenze (in den USA 75.000 USD Jahresgehalt) mehr Geld nicht zu einem höheren täglichen Wohlbefinden führt.[5] Zu wenig Geld kann unglücklich machen, mehr Geld taugt aber nicht als nachhaltiger Motivationsfaktor. Entsprechend ist das Gehalt, laut der Zwei-Faktoren-Theorie von Herzberg, auch nur ein sogenannter „Hygienefaktor", der Unzufriedenheit verhindern, nicht aber Zufriedenheit erzeugen kann.[6] Aber wie verhält es sich mit den anderen Komponenten einer Beförderung wie Macht, Ansehen und interessanten Aufgaben?

In einer Studie von David Johnston und Wang-Sheng Lee mit knapp 2.000 Vollzeitbeschäftigten fanden die Wissenschaftler heraus, dass die positiven Effekte einer Beförderung, zum Beispiel erhöhte Arbeitszufriedenheit, größere Kontrolle am Arbeitsplatz und das Gefühl höherer Jobsicherheit, in der Regel nach drei Jahren auf das Niveau vor der Beförderung zurückgehen. Was bleibt sind jedoch die negativen Effekte wie erhöhter Stress und längere Arbeitszeiten. Dies führe insgesamt zu einer deutlichen Verschlechterung der physischen Gesundheit.[7]

In all diesen Untersuchungen zeigt sich die Gefahr im falschen Umgang mit extrinsischen Anreizen. Die heute so oft gelebte Beförderungskultur ist meist nicht nur ineffektiv, sondern kann Mitarbeitern und Unternehmen sogar langfristig schaden. Paradoxerweise gilt dies nicht nur für diejenigen Mitarbeiter, die von vornherein ausschließlich wegen extrinsischer Anreize den täglichen Weg zur Arbeit antreten. Auch im Umgang mit den hart umkämpften Mitarbeitern, die Leidenschaft für ihre Tätigkeit mitbringen, birgt die „zusätzliche" extrinsische Motivation Gefahren.

Dies zeigt ein Experiment der Psychologen Mark R. Lepper und David Greene. In diesem wurde die Motivation von 51 Kindern im Alter von drei bis fünf Jahren beim Malen mit Filzstiften untersucht. Ein Auswahlkriterium für die teilnehmenden Kinder war, dass sie Freude am Malen hatten, also aus intrinsischer Motivation heraus agierten. Die Forscher teilten sie in drei unterschiedliche Testgruppen und luden die Kinder in einen Raum ein, um dort sechs Minuten lang zu malen. Der ersten Gruppe wurde vor dem Malen eine Belohnung für das Ergebnis versprochen. Die zweite Gruppe erhielt dieselbe Belohnung, allerdings ohne Ankündigung und erst nach Abschluss der Aktivität. Die dritte Gruppe erhielt keine Belohnung. In den darauffolgenden Tagen wurden die Kinder beim Spielen beobachtet, um zu prüfen, wie viel Zeit sie aus freien Stücken auf das Malen verwandten. Das Ergebnis: Während bei der zweiten (unerwartete Belohnung) und dritten (keine Belohnung) Gruppe kein statistisch signifikanter Unterschied zu erkennen war, *halbierte* sich die Zeit, in der freiwillig gemalt wurde bei der ersten (erwartete Belohnung) Gruppe. Und nicht nur das. Die Bilder, die die Kinder der Gruppe mit erwarteter Belohnung malten, waren von schlechterer Qualität.[8]

Halten wir fest: Verspricht man Kindern, die gerne malen, eine Belohnung, hat dies einen negativen Einfluss auf ebendiese Aktivität. Obwohl sie zuvor gerne gemalt haben, sinkt ihre Motivation dramatisch, während gleichzeitig die Qualität des Ergebnisses abnimmt. Dieses Phänomen wird als Korrumpierungseffekt bezeichnet. Der extrinsische Anreiz bei zuvor intrinsisch motivierten Personen führt dazu, dass ihr Motivationsniveau *unter* das Ursprungsniveau fällt – sprich, sie werden demotiviert. Die intrinsische Motivation wird im Grunde von der extrinsischen verdrängt. Der Korrumpierungseffekt ist nicht nur bei Studien mit Kindern nachgewiesen worden. Auf diesem Gebiet gibt es heute buchstäblich hunderte Studien. So auch ein Experiment mit Erwachsenen, die bestrebt waren, das Rauchen aufzugeben. Die Gruppe, die für dieses Vorhaben belohnt wurde, war kurzfristig erfolgreicher. Nach einem Zeitraum von drei Monaten fielen diese jedoch deutlich hinter die Gruppe derer, die keine Belohnung erhielten.[9]

Die systematische Ausrichtung der Arbeit in Unternehmen auf extrinsische Belohnung – inklusive des Konzeptes der Beförderung als Motivator – motiviert also bestenfalls kurzfristig und korrumpiert schlimmstenfalls sogar den Antrieb und die Leistung intrinsisch motivierter Mitarbeiter. Dies sollte uns zu denken geben. Doch was nun? Darf man seine Mitarbeiter nicht mehr gut bezahlen oder anderweitig belohnen? Um diese Frage zu beantworten, müssen wir noch ein klein wenig tiefer in die Motivationstheorie eintauchen.

Neben der vereinfachten Unterteilung in intrinsische und extrinsische Motivation, gibt es noch eine differenziertere Betrachtung. Dabei wird zwischen kontrollierter und autonomer Motivation unterschieden, sowie fünf dazugehörigen Arten der Regulation.

Im alltäglichen Arbeitsleben begegnet uns primär die extrinsisch geprägte, *kontrollierte Motivation*, die sich in drei unterschiedlichen Ausprägungen zeigt: Arbeite ich, weil ich dafür bezahlt werde, liegt eine *externale Regulation*

♥

vor. Auch Beförderungen gehören in diese Kategorie. Bei der *introjizierten Regulation* erfolgt die Beeinflussung durch einen inneren Druck, der durch auferlegte Normen erzeugt wird. Man arbeitet zum Beispiel aus Angst vor Ablehnung von Kollegen oder Vorgesetzten. *Identifizierte Regulation* liegt vor, wenn man sich mit den Werten und Zielen der Aufgabe oder dem Unternehmensleitbild identifizieren kann und die Ausführung daher als wichtig erachtet.

Die *autonome Motivation* zeichnet sich dadurch aus, dass Mitarbeiter Aktivitäten aus einem *inneren* Antrieb, also aus freien Stücken heraus, durchführen. Interessanterweise umfasst die autonome Motivation sowohl die intrinsische als auch eine besondere Form der extrinsischen Motivation, die sogenannte *integrierte Regulation*. Diese ist der *intrinsischen Regulation* sehr nahe, bei der ich motiviert bin, weil mir meine Arbeit Freude bereitet – unterscheidet sich aber darin, dass nicht aus Freude agiert wird, sondern weil eine Handlung mit den eigenen Werten und Bedürfnissen übereinstimmt und somit persönlich sinnstiftend ist.[10]

Zahlreiche Studien auf diesem Gebiet zeigen, dass *autonome Motivation* mit einer geringeren Anzahl von Burn-out-Erkrankungen, sinkender Erschöpfung am Arbeitsplatz und geringerer Fluktuation korreliert. Zudem führt diese zu einer höheren Arbeitszufriedenheit, gesteigertem Engagement und besserer Arbeitsleistung. Eine Studie mit mehr als dreitausend Unternehmen konnte sogar einen positiven Effekt von autonomer Motivation auf die Profitabilität der Unternehmen nachweisen. Brisanterweise zeigte sich für *kontrollierte Motivation* der gegenteilige Effekt. Das heißt im Klartext, dass die gängigen Motivationswerkzeuge, die tagtäglich im Unternehmen eingesetzt werden, zwar zur Erreichung von kurzfristigen Resultaten geeignet sein können, jedoch langfristig dem Mitarbeiterwohl und dem Unternehmenserfolg schaden können.[11]

Warum setzen Unternehmen dennoch so stark auf Werkzeuge der kontrollierten Motivation? Wohl (auch) deswegen, weil sie auf die *autonome* Motivation der Mitarbeiter keinen *direkten* Einfluss nehmen können. Doch *indirekt* hat das Unternehmen sogar einen sehr großen Einfluss auf die mögliche Begeisterung ihrer Mitarbeiter – und zwar durch die Schaffung der richtigen Rahmenbedingungen. Statt also als Führungskraft zu versuchen, mit entsprechenden Mitteln und Maßnahmen einen direkten Einfluss auf die Motivation auszuüben, sollte ich mir vielmehr die Frage stellen: „Wie kann ich es meinen Mitarbeitern ermöglichen, von sich aus motiviert zu sein, gute Arbeit zu leisten?"

Commerz Business Consulting:
Aufbau einer „Game Changer"-DNA

„Die wichtigste Herausforderung ist, Menschen zu finden, zu befähigen und zu motivieren, dauerhaft ihre Bestleistung einzubringen. Mit Geld allein gelingt dies jedoch nicht, stattdessen ist das Entwickeln von zukunftsorientierten Arbeitsmodellen die Basis.

Deshalb haben wir eine neue DNA als ‚Game Changer' definiert, deren Prinzipien wir etablieren, um mit Begeisterung neue Werte zu kreieren. Dazu gehören Neugier & Offenheit, Mut, sich zu vernetzen, ein gemeinsamer Sinn sowie Vertrauen ins Team, Freiheit zum Denken, Fokus in Umsetzung, gemeinsames Lernen und ein positiver Umgang mit Veränderung.

Zur Umsetzung dieser Prinzipien nutzen wir verschiedene Maßnahmen. Wichtige Aspekte sind die Führung (ermutigend, dienend), die Zusammenarbeit (hohe Wertschätzung mit offenem, direktem Feedback) und die ‚Wir-Kultur' (partizipativ für messbar exzellenten Teamspirit). Außerdem etablieren wir Freiräume und Angebote zur individuellen Entwicklung, wie selbstorganisierte Interessensgruppen („Competence Center"), Learning Journeys oder eine Projektbesetzung auch nach persönlichem Interesse.

Alle diese Maßnahmen sammeln sich unter unserem Leitbild ‚Zukunft gemeinsam gestalten', welches als Magnet für Kunden und Mitarbeiter fungiert: Es drückt die Sehnsucht aus, erfolgreich in die Zukunft zu gehen, diese mitzugestalten und sein Bestes dafür zu geben. Diese Vision beflügelt geradezu und sorgt somit für echte Begeisterung bei der Arbeit!"

Britta Gayko
ist als Managing Partner Teil der Geschäftsleitung der Commerz Business Consulting, einer internen Unternehmensberatung der Commerzbank. Mit ihrem Team entwickelt sie neue Arbeitsweisen für die mehr als 130 Mitarbeiter, um diese anschließend in den Konzern zu tragen.

Hier kommen die psychologischen Grundbedürfnisse nach *Autonomie, Kompetenz* und *sozialer Eingebundenheit* ins Spiel. Denn diese sind die Grundlage für die Entstehung autonomer Motivation im Unternehmen. Die Zahl der Studien in diesem Feld ist in den vergangenen Jahren exponentiell gewachsen, und eine deutliche Mehrheit der Wissenschaftler ist sich einig darüber, dass die Erfüllung dieser angeborenen psychologischen Grundbedürfnisse essenti-

♥

ell für Motivation und Leistung ist. Wenn Unternehmen von herkömmlichen Anreizsystemen abrücken und stattdessen Wege finden, diese psychologischen Grundbedürfnisse zu befriedigen, schaffen sie es folglich, dass Mitarbeiter nicht nur zufriedener und gesünder sind, sondern auch nachhaltig bessere Arbeit leisten.[12] Lassen Sie uns ergründen, was hinter den Bedürfnissen steckt und Unternehmen aus der Praxis betrachten, die deren Befriedigung bereits auf innovative Weise angehen.

Autonomie bezeichnet das Grundbedürfnis des Menschen, selbstbestimmt agieren zu können. Im Kontext des täglichen Arbeitslebens kann dies bereits durch kleine Maßnahmen gefördert werden – zum Beispiel durch die Möglichkeit, Pausenzeiten am Tag frei wählen zu können. Doch Autonomie muss sich nicht nur auf die Einteilung der Arbeitszeit oder die Erledigung von Aufgaben beschränken, sondern kann sich bis hin zur autonomen Gestaltung des (Arbeits-)Lebens im Gesamten erstrecken.

Eine besonders hohe Mitarbeiter-Autonomie ist beim Berliner Beratungsunternehmen Dark Horse zu beobachten. Wie in einem Kloster teilen sich bei Dark Horse die Mitarbeiter in „Mönche" und „Pilger" auf. Analog zu den echten Mönchen, die im Kloster verbleiben und sich um die dort anfallende Arbeit kümmern, betreuen die „Mönche" bei Dark Horse im Büro in Berlin das Tagesgeschäft. „Pilger" bei Dark Horse haben dagegen, ähnlich wie die Pilger eines Klosters (die in die Welt hinausgehen, um Wallfahrtsorte aufzusuchen), die Freiheit, ein Jahr zu tun und zu lassen, was sie möchten – ob auf Reisen, mit der Familie oder in einem anderen Job. In dieser Zeit sind sie von ihren Pflichten im Alltagsgeschäft entbunden, erhalten aber auch keine Vergütung. Jeder Mitarbeiter bei Dark Horse hat dabei selbst die (autonome) Wahl, ob er „Mönch" oder „Pilger" sein möchte – jedes Jahr aufs Neue, jeweils für ein Jahr.[13] Bemerkenswert ist, dass in diesem Modell der Fokus nicht darauf liegt, Arbeit und Privatleben gleichzeitig zu ermöglichen, sondern dass Rücksicht auf verschiedene Lebensphasen genommen wird. Es gibt vielleicht Phasen, in denen sich Mitarbeiter nach Freiheit und neuen Erlebnissen sehnen, während in anderen Phasen die finanzielle Sicherheit stärker im Mittelpunkt steht. Das Unternehmen macht es möglich, jedes Jahr neu zu entscheiden, welches Arbeitsmodell am besten zum Lebensmodell des Mitarbeiters passt und ermöglicht so ein hohes Maß an Selbstbestimmung über das eigene (Arbeits-)Leben.

Doch selbst bei maximaler Autonomie eines Mitarbeiters über das eigene (Arbeits-)Leben wird dieser ohne eine ausreichende *Kompetenz* wohl kaum die gewünschte Motivation und Leistung vorweisen. Dabei meint Kompetenz nicht die Expertise auf einem bestimmten Gebiet, sondern die subjektive Wahrnehmung der Wirksamkeit bei der Ausübung einer Tätigkeit. Es geht also vielmehr um das Gefühl, den Aufgaben, die man erledigt, gewachsen zu sein, stets neu herausgefordert zu werden und so seine Fähigkeiten weiterzuentwickeln.[14]

Spätestens seit dem Kinofilm „The Internship" mit Vince Vaughn und Owen Wilson ist Google über die Tech-Welt hinaus bekannt für seine verrückte Orientierungswochen. Doch hinter dem zweiwöchigem Einführungsprogramm für neue Mitarbeiter, den sogenannten Nooglers, steckt weitaus mehr als bloße Bespaßung oder kulturelle Indoktrinierung. Neben Einführungsveranstaltungen, Gastvorlesungen und Mentorenprogrammen werden auch Basisseminare angeboten. Dies ist im Kontext der Kompetenz besonders bemerkenswert, denn wenn Google Ingenieure anstellt, handelt es sich schon um die Besten der Besten. Da wirkt es auf den ersten Blick überflüssig, sie in der Einführungsphase in Programmierseminare zu setzen.[15] Doch das Gegenteil ist der Fall. Denn auch die besten Entwickler sind nicht zwangsläufig mit allen relevanten Google-Tools vertraut. Sie allesamt zu schulen, gibt ihnen nicht nur die Fähigkeit, sondern auch das Gefühl die neuen Herausforderungen in einer innovativen Arbeitsumgebung meistern zu können. Auf diese Weise wirkt Google abnehmender Begeisterung, die aus einer nicht als optimal empfundenen Kompetenz resultieren kann, bereits ab dem ersten Tag entgegen.

Und auch die anderen Teile der „verrückten Einführungswochen" bei Google sind nicht bloß zum Spaß da. Denn durch die intensive gemeinsame Zeit wird eine erste, wichtige Basis für ein weiteres psychologisches Grundbedürfnis, die *soziale Eingebundenheit,* gelegt. Wie der Begriff bereits vermuten lässt, geht es hierbei um das Gefühl der Zugehörigkeit. Diese schließt nicht nur das Gefühl ein, dass für einen selbst Sorge getragen wird, sondern auch, von anderen gebraucht zu werden.[16] Das Zugehörigkeitsgefühl zu stärken ist im Unternehmenskontext kein unbekanntes Ziel. Ob jedoch wöchentliche Teammeetings oder alljährliche Drachenbootrennen ausreichen, um ein optimales Gefühl der sozialen Eingebundenheit am Arbeitsplatz zu generieren, ist fraglich. Denn häufig scheitert Eingebundenheit in den Situationen, in denen es wirklich darauf ankommt.

Nicht so beim Content Marketing-Unternehmen Influence&Co. Dieses verfolgt zum Beispiel eine sogenannte „no-asshole-client-policy".[17] Beschwert sich ein Mitarbeiter darüber, dass er von einem Klienten schlecht behandelt wird, prüft das Unternehmen die Situation sorgfältig. Stellt sich heraus, dass der Klient sich tatsächlich wie ein „Arschloch" verhalten hat, wird diesem gekündigt. Das Unternehmen hat erkannt, dass talentierte Mitarbeiter, die wissen, dass man ihnen den Rücken stärkt, wertvoller für das Unternehmen sind als einzelne Kunden.

♥

Siemens Healthineers AG:
Begeisterung durch Wertschätzung

„Gespräche mit unseren Mitarbeitern haben gezeigt, dass sie die Verantwortung, die sie ja täglich im privaten Umfeld tragen (z. B. Kauf einer Immobilie, Familiengründung), im beruflichen Umfeld genauso wahrnehmen möchten. Sie wollen auf jedem organisatorischen Level auf Augenhöhe agieren und Verantwortung für ihre Aufgaben und ihre Entwicklung tragen. Alle Mitarbeiter haben also Grundbedürfnisse nach Begeisterung für die Aufgabe, Anerkennung, Gestaltungs- und Lernmöglichkeiten, welche wir ‚nur' zulassen und verstärken müssen.

Dies erreichen wir zum Beispiel durch ein neues Leadership-Modell, bei dem Coaching eine große Rolle spielt. Dahinter steckt der Gedanke, dass die Führungskraft nicht Entscheidungen für Mitarbeiter übernimmt, sondern sie dabei begleitet, Entscheidungen eigenständig zu treffen. Darüber hinaus verwenden wir in einigen Ländern bereits ‚ad hoc-Systeme' mit kultur- und länderspezifischen Incentive-Katalogen für eine zeitnahe Honorierung von Leistung. Das hat einen viel höheren Effekt auf die Motivation der Mitarbeiter, als eine Berücksichtigung in einem jährlichen Zyklus der Leistungsbeurteilung. Dabei berichten viele Mitarbeiter, dass es in erster Linie gar nicht um zusätzliche monetäre Anerkennung geht, sondern dass ein qualifiziertes, positives Feedback allein bereits einen hohen Stellenwert besitzt. Als größten Hebel sehe ich jedoch die bereits eingesetzte Gruppendynamik und gefühlte Begeisterung unserer Mitarbeiter für den Veränderungsprozess."

André Heinz

Als Chief Human Resources Officer bei Siemens Healthineers AG trägt André Heinz die Verantwortung für insgesamt 46.000 Mitarbeiter in über 70 Ländern. Nach der Abspaltung aus dem Siemens-Konzern mit eigenem Börsengang leitet André Heinz die notwendigen Veränderungsprozesse ein, um die Siemens Healthineers AG als eigenständiges Unternehmen auf zukünftiges Geschäftswachstum auszurichten.

Die aktive Förderung der psychologischen Grundbedürfnisse *Autonomie, Kompetenz* und *soziale Eingebundenheit* kann die Motivation der Mitarbeiter also deutlich stärker fördern als eine unter Umständen sogar demotivierende Beförderung. Je nach aktueller Ausgangssituation können Mitarbeiter auf diese Weise von „innerer Kündigung" oder „Dienst nach Vorschrift" bis hin zu echter Begeisterung für die Arbeit gelangen. Wie wir gesehen haben, umfasst das Spektrum der Motivation dabei verschiedene mögliche Abstufungen zwischen Fremd-und Selbstmotivation, die es zu beachten gilt.

MOTIVATION

FREMDMOTIVIERT				SELBSTMOTIVIERT
Incentivierung: **Arbeit** **bringt etwas**	**Beeinflussung:** **Arbeit** **muss sein**	**Überzeugung:** **Arbeit** **ist wichtig**	**Integration:** **Arbeit** **macht Sinn**	**Motivation:** **Arbeit** **macht Spaß**
Fremdmotivation/ Incentivierung durch externe Anreize (externe Regulation)	Beeinflussung/ Druck durch externe Vorgaben & Rahmenbedingungen (introjizierte Regulation)	Überzeugung durch Identifikation mit der Bedeutung der Arbeit (identifizierte Regulation)	Integration der Arbeit in das eigene Leben durch persönliche Sinnstiftung (integrierte Regulation)	Eigenmotivation durch Befriedigung an der Arbeitsausführung selbst (intrinsische Regulation)
z.B. durch Beförderung, Gehalt, Zusatzleistungen	z.B. durch Zielvorgaben, Rankings, Leistungskultur	z.B. durch Vision, Mission, guter Zweck	z.B. durch Gemeinschaft, eigene Ziele, Sinn	z.B. durch Spaß an der Tätigkeit, Talentnutzung

Die negativen Effekte von *externaler Regulation* wurden bereits ausführlich diskutiert. Und doch gibt es Situationen, wie beispielsweise in der Fertigung, in denen monetäre Anreize den Output zumindest kurzfristig erhöhen können. Dies insbesondere dann, wenn repetitive Aufgaben betroffen sind, die keine kognitive Leistung voraussetzen. Zur Motivation von Wissensarbeitern sollte diese gängige Form der Belohnung aber dringend überdacht werden. Auch *introjizierte Regulation* ist, zum Beispiel ausgelöst durch Management oder Unternehmenspolitik, häufig in der Realität zu beobachten. Wenn Mitarbeiter allerdings nur deshalb motiviert arbeiten, weil sie Schuldgefühle vermeiden wollen, kann dies langfristig zu psychischen und physischen Gesundheitsproblemen führen. *Identifizierte Motivation* hingegen kann durchaus erstrebenswert sein. Zum Beispiel können Mitarbeiter eines Zeitungsverlags dadurch motiviert sein, dass sie durch die Unterstützung der freien Presse zum Erhalt des demokratischen Systems beitragen. Und das führt bestenfalls zu einer *integrierten Regulation*, bei der ebendies zum wichtigen Teil des eigenen Lebens wird. Echte Begeisterung für die eigene Tätigkeit, im Sinne von *intrinsischer Regulation* kann jedoch nicht extern herbeigeführt werden. Sind die eigenen Mitarbeiter intrinsisch motiviert, kann man sich also glücklich schätzen. Gleichzeitig gilt es, den Korrumpierungseffekt im Auge zu behalten. Denn wie vorhin beschrieben, nehmen die Motivation sowie die Arbeitsqualität von intrinsisch motivierten Mitarbeitern ab, wenn man diese zusätzlichen extrinsischen Anreizen aussetzt.

Ein differenzierter Blick auf die Motivationstheorie hilft dabei, mit einem geschulten Auge durch die Arbeitswelt zu gehen und reflexartige, schädliche Aktivitäten zu vermeiden. Behält man die psychologischen Grundbedürfnisse im Blick, ist bereits der Grundstein gelegt für die Abschaffung der kontraproduktiven Beförderungskultur und die Installation einer nachhaltigen und Erfolg bringenden Begeisterungskultur.

♥

IMPULSE

1. Was benötigen Sie, um Ihre Bestleistung abzurufen? Wie würden Ihre Mitarbeiter oder Kollegen diese Frage wohl beantworten?

2. Können Sie sich ein Arbeitsleben ohne Beförderungen vorstellen? Welche Auswirkungen hätte dies auf Sie, Ihr Team und Ihr Unternehmen?

3. In welcher Situation hatten Sie das letzte Mal Freude bei der Arbeit? Was hat diese Situation ausgezeichnet?

4. Welche Rahmenbedingungen existieren in Ihrem Unternehmen bereits, um die psychologischen Grundbedürfnisse Autonomie, Kompetenz und soziale Eingebundenheit zu fördern? Was fehlt?

5. Versuchen Sie doch einmal, etwas mehr Freiraum in den Arbeitsalltag einzuführen – am besten für das ganze Team bzw. Unternehmen. Wie wird diese Zeit genutzt?

SELBSTENTWICKLUNG
statt
FREMDBESTIMMUNG

♥

OLIVER BERGER

" *Ich will hier jetzt nicht in philosophische Selbstzweifel verfallen, dafür bin ich gar nicht der Typ. Aber letztlich muss ich zugeben, dass ich ein stückweit selbst schuld bin an der aktuellen Lage.*

Ich habe mich während meiner Jugend erst irgendwie durch die Schule schleusen lassen und nach meiner ‚Orientierungsphase' ruck zuck angefangen irgendetwas zu studieren.

Wobei, „irgendetwas" ist gar nicht komplett richtig – mein Studium entsprach schon meinem Interesse. Aber noch ein bisschen mehr Zeit, sich intensiver mit dem Inhalt auseinander zu setzen, hätte sicher nicht geschadet. Aber nein, es hieß von allen Seiten: ‚Oli, jetzt hast Du schon ein Jahr vertrödelt. Die Lücke sieht nicht so gut aus.', ‚Oli, Du solltest dies machen.', ‚Oli, Du solltest jenes tun.'. Fremdbestimmung oder zumindest äußere Lenkversuche können doch keinen freien Geist zufrieden machen, oder?

Wie auch immer … Nach Studienbeginn habe ich fast keine Zeit mehr vertrödelt. Ich habe die Dinge genommen, wie sie kamen. Scheine gemacht und Wissen angehäuft, das ich in meinem Berufsleben sicherlich niemals anwenden werde. Ich habe Praktika gemacht wie alle. Ganz ohne Nachfragen. Und nach der Einstellung im Unternehmen habe ich motiviert die ersten Aufgaben angenommen. Habe ich ja bereits geschildert.

Den Karrierepfad hatte ich zunächst fest vor Augen. Weiterbildung, perfekt abgestimmt auf den persönlichen Fast-Track von Oliver Berger. Kein Witz – so heißt das wirklich im High-Potential-Programm bei uns. Qualifikationen und Lerneinheiten nach Maß. Alles wie man es für die nächste Karrierestufe braucht. Zusammengeschustert und in mundgerechte Stücke verarbeitet. Nur noch wegsnacken.

Das ist ja zunächst auch ganz angenehm, denn wenn ich das mache, was alle machen, mache ich schon mal nichts falsch. Das Hamsterrad gibt Sicherheit, schließlich ist man ja durch Gitter geschützt von der gefährlichen Welt da draußen.

Aber irgendwann in einer ruhigen Minute habe ich mal in mich hineingehört und gemerkt: so ein vorgefertigter Karrierepfad soll nicht mein Leben bestimmen. Der Pfad ist ausgetreten und jeder Schritt im Vorfeld für mich vorbereitet.

Solche Zweifel hatte ich tatsächlich auch schon früher einmal bei meiner HR-Business-Partnerin, neudeutsch für Personalbetreuerin, angedeutet. Diese drückte mir daraufhin relativ konsequent eine Broschüre in die Hand und meinte: ‚Ich bin da ganz bei Ihnen, Herr Berger. Wir können Sie auch ganz individuell upskillen und Ihre Kernkompetenzen in einem fokussierten Capability Building ausbauen.'

Um ehrlich zu sein, weiß ich auch heute noch nicht genau, was sie meinte. Ich weiß allerdings, dass das individuelle ‚upskillen' auf einem standardisierten Weiterbildungskatalog basierte. Und ein Lernen nach Schema F hat mich schon damals in der Uni nicht zufrieden gestellt.

Ich bin mir heute nicht mehr so sicher, ob ich nicht viel zu viel Zeit mit Lerninhalten verschwendet habe, die mir von außen auferlegt wurden. Ich meine, natürlich gibt es Dinge, die auf die Festplatte von Mitarbeitern müssen. Aber kann es nicht eine Lösung geben, in der ich mir selbst meine Entwicklung zusammenstelle? Das Lernziel kann ja feststehen. Aber der Weg dahin? Den weiß ich vielleicht selbst am besten.

Ich meine, mich auszuprobieren… Das hätte mich wohl mental wesentlich weitergebracht und sicherlich auch motivierter gehalten. Eventuell hätte ich mir sogar die gleichen Dinge ausgesucht wie die, die mir meine Personalerin empfohlen hat. Aber wenn der Rahmen breiter gewesen wäre, hätte ich zumindest das Gefühl gehabt, dass ich etwas aus eigener Motivation lerne und nicht nur, weil ich Standards ‚upskillen' soll, die alle anderen in meiner Position auch durchlaufen mussten.

Eventuell muss man einfach damit leben. Der Freiraum zur Selbstverwirklichung ist im System einfach nicht vorgesehen. Es ist zu wenig effizient, das Resultat fürs Unternehmen zu unsicher und der Pfad zu unklar. Aber was rede ich da? Natürlich gibt es Selbstbestimmung – und wo ein Wille ist, da ist auch ein Weg. **❝**

„Stay hungry, stay foolish" („Bleibt hungrig, bleibt verrückt"), so lautet die Kernaussage von Steve Jobs berühmter Rede am 12. Juni 2005 vor den Absolventen der University of Stanford.[1] Obwohl er selbst sein Studium abbrach, um eins der wertvollsten Unternehmen der Welt zu gründen, gilt Jobs bis heute als Vorbild für viele Manager und Unternehmer. Sein inspirierender Appell sollte Schülern bereits ab der ersten Klasse mit auf den Weg gegeben werden. Die Realität sieht leider anders aus.

Kritiker auf der ganzen Welt beklagen, dass Kindern bereits im frühen Alter ihre Kreativität systematisch abtrainiert wird. Allen voran der deutsche Philosoph Richard David Precht, der das Problem in der Ursprungsidee unseres Bildungssystems sieht. Laut seiner Einschätzung basiert das heutige Schulkonzept im Kern noch immer auf einem System, das Ende des 19. Jahrhunderts errichtet wurde, um „treue preußische Untertanen" für Staat und Wirtschaft zu schaffen. Militärgleich als „verwaltungstechnisch durchorganisierte Einheiten" werden junge Menschen aufgezogen, bei denen nicht die Entwicklung des individuellen Potenzials im Vordergrund steht, sondern die eifrige und widerspruchslose Erfüllung aufkommender Arbeiten."[2]

♥

Doch nicht nur die Ursprungsidee, auch die konkrete Ausgestaltung unseres Bildungssystems scheint fragwürdig. Laut des Briten Sir Ken Robinson gibt es im Bereich Bildung, ähnlich wie bei Restaurants, zwei Herangehensweisen, um Qualität sicherzustellen. Entweder man produziert Fast Food, um systematisch Mindeststandards und gleichbleibende Qualität sicherzustellen, oder man bietet seinen Gästen das Gegenteil, wie es durch Michelin und Zagat ausgezeichnete Restaurants tun. Mit Rücksicht auf lokale Umstände, Ressourcen und Aufwand werden dort einzigartige Rezepte entwickelt und kulinarische Kunstwerke erschaffen. Dieser Metapher folgend hat sich laut Robinson die heutige Gesellschaft bei der Ausbildung ihrer Nachkommen für die Fast-Food-Variante entschieden. Diversität wird hier im Keim erstickt, Kreativität vernachlässigt und Gleichschaltung gefördert, wodurch sich geistige Mangelerscheinungen bei Schülern und Studenten häufen.[3]

Dabei ist die Ausgangslage eigentlich gut. Wie der renommierte Wissenschaftler Neil de Grasse Tyson betont, werden Kinder als kreative Forscher geboren. Sie experimentieren, probieren und versuchen, spielerisch zu lernen. Sie blicken unter Steine, pflücken Blätter von Blumen oder lassen rohe Eier fallen. Was zunächst destruktiv wirkt, gleicht bei näherer Betrachtung beinahe einer Art wissenschaftlicher Arbeit, die dem Verständnis von Funktion und Zusammensetzung sowie der Entdeckung neuer Möglichkeiten dient.[4]

Belegen lässt sich dies unter anderem mit dem berühmten Kreativitätstest von George Land, der auch verwendet wird, um zukünftige Mitarbeiter für die NASA zu identifizieren. In einer Langzeitstudie wurden dazu 1600 Kinder über ihre verschiedenen Altersstufen hinweg gefragt, wie viele Verwendungszwecke es für eine bestimmte Sache gibt. Daraus resultierte, dass 98 % der fünfjährigen Kinder bei ihren Antworten so viel Phantasie zeigten, dass man sie als genial in divergentem Denken (Denken bei unklarer Aufgabenstellung und mehreren Lösungsmöglichkeiten[5]) bezeichnen könnte. Fünf Jahre später fielen nur noch 32 % der Kinder in diese Kategorie. Im Alter von 14 Jahren ließen sich nur noch 10 % der Antworten als genial bezeichnen, der große Rest hingegen antwortete derweil sehr uniform. In einer Wiederholung des Tests mit 280.000 Erwachsenen erreichten nur 2 % das Genie-Level.[6]

Wenngleich die Studie aus den USA ist, sind ähnliche Entwicklungen auch in Deutschland zu beobachten. Mit wissensbasiertem Frontalunterricht und darauf ausgelegten Prüfungen fördern Lehrkörper das zunehmend verbreitete und kurzsichtige Konzept des „Bulimielernens" (Wissen reinstopfen, ausspucken, vergessen[7]). Hinzu kommt, dass nahezu allen Lernenden die gleichen Mahlzeiten ohne Rücksicht auf Geschmäcker, Interessen oder Lernverhalten serviert werden. Und dies setzt sich in der Regel bis zum Ende des Studiums fort. Insbesondere seitdem dort nach der Bologna-Reform kaum noch Zeit für einen Blick über den Tellerrand oder die Erforschung eigener Fähigkeiten bleibt.[8]

Da scheint es wenig verwunderlich, dass jeder dritte Student sein Studium frühzeitig abbricht. Laut Bundesforschungsministerin Johanna Wanka weist „der frühe Zeitpunkt eines Studienabbruchs und der schnelle Wechsel in eine Ausbildung [darauf hin], dass viele junge Menschen noch nicht genau wissen, welchen Berufsweg sie einschlagen möchten". Woher auch? In der Schule wurden sie mit gleichförmigem Wissen vollgepumpt, und das Studium bietet statt Raum zum Experimentieren lediglich immer stärker vorgegebene Pfade.[9] Der Philosoph Frithjof Bergmann bringt das Problem auf den Punkt:

> „Wenn es um das Thema Arbeit geht, wissen die Menschen nicht, was sie wirklich wollen. Wir nennen das Armut an Begierde. Das Wollen ist ein problematisches Etwas geworden. Dem Menschen ist die Kapazität, etwas zu wollen, abhandengekommen. Schuld ist die Erziehung. Das Organ, mit dem man will, ist abgetötet worden."
>
> *– Frithjof Bergmann*

Doch ob man nun will oder nicht – irgendwann beginnt das Arbeitsleben. Hat dieses erst einmal begonnen, scheint die Karriereleiter oft erst recht vorgeschrieben und fremdgesteuert zu sein. Laut aktuellen Studienergebnisse geben 60 % der Mitarbeiter weltweit an, zu wenig Einfluss auf ihre berufliche Laufbahn zu haben. Kein Wunder, denn wie in Stein gemeißelt wird oft genau vorgegeben, wie ein klassischer Lebenslauf auszusehen hat, um die kommenden Sprossen der Karriereleiter erklimmen zu können. Mehr als 40 % der deutschen Fach- und Führungskräfte sind davon überzeugt, dass ihr Hochschulabschluss nur einen einzigen Berufsweg zulässt. Gefangen im vermeintlich vorgeschriebenen Lebenslauf, basierend auf einer Entscheidung, die womöglich nur auf Wunsch der Eltern in der Schulzeit oder auf Basis der Lieblings-TV-Serie getroffen wurde, folgt das Leben entsprechend weiter dem fremdbestimmten Pfad. Gerade einmal 18 % der Arbeitnehmer glauben, für mehr Berufe als den ursprünglich Erlernten geeignet zu sein.[10]

Sind die ersten Stufen der Karriereleiter erklommen, wird der oftmals stressige Arbeitsalltag durch vorgeschriebene Onlinekurse, Trainings und Fortbildungen zusätzlich intensiviert. So wurden in Deutschland laut des Instituts für deutsche Wirtschaft im Jahre 2016 rund 33,5 Milliarden Euro in die Weiterbildung von Mitarbeitern investiert. Insbesondere Großkonzerne bringen hierfür gigantische Beträge auf: der Chemiekonzern BASF aus Ludwigshafen investiert beispielsweise rund 100 Millionen Euro pro Jahr für Mitarbeiterfort- und Weiterbildungen. Die Deutsche Telekom stellt der Weiterbildung ihrer Angestellten jährlich sogar 150 Millionen Euro zur Verfügung.[11] Inhaltlich stehen dabei aktuell notwendige Qualifikationen für die Digitalisierung im Fokus. Neben beruflichem Fachwissen werden Kommunikations- und Kooperationsfähigkeit gestärkt und die IT-Kenntnisse der Mitarbeiter beständig ausgebaut.[12]

♥

Doch welche Bedeutung messen Unternehmen dabei der *persönlichen* Weiterentwicklung der Mitarbeiter unabhängig von spezifischen Anforderungen der Tätigkeit bei? Die hohe Relevanz dieser Entwicklungskomponente zeigt sich beim Thema Sabbaticals, der Auszeit vom Alltag und Job, um beispielsweise eine längere Reise anzutreten oder sich sozial zu engagieren. Bei einer Forsa-Umfrage in 2016 gab mehr als die Hälfte der Deutschen an, eine solche Auszeit zu planen.[13]

Einige Unternehmen haben diesen Trend bereits erkannt. So bietet zum Beispiel BMW seinen Mitarbeitern im Rahmen des Konzeptes „Vollzeit Select" ein Urlaubsmodell an, bei dem diese zusätzliche 20 Urlaubstage erhalten, um etwas mehr Abstand von der Arbeit nehmen zu können. Laut des Pressesprechers Jochen Frey wurde dieses Angebot schnell von über 3000 Mitarbeitern wahrgenommen, welche nach ihrer Rückkehr aus dem Mini-Sabbatical „in der Zeit, in der sie da sind, (…) motivierter und tatkräftiger" seien.[14] Bringt eine solche Möglichkeit zur Selbstreflektion also tatsächlich mehr als der nächste E-Learning-Kurs?

Katharina Heuer, ehemalige Geschäftsführerin der Deutschen Gesellschaft für Personalführung in Düsseldorf, ist sich sicher: „Kompetenzentwicklung findet nicht nur im Job statt, sondern eben auch im Atlas-Gebirge." Davon ist auch Stefan Sagmeister überzeugt, der das Thema „Auszeit" in seinem eigenen Unternehmen auf die Spitze getrieben hat. Er schließt seine Design-Agentur alle sieben Jahre für ein volles Jahr, um sich und seine Mitarbeiter dazu zu bewegen, die gewonnenen 12 Monate für neue Impulse und Inspirationen zu nutzen. Dank dieser Strategie, so Sagmeister, können er und seine Mitarbeiter ihr Leben mehr genießen. Vor allem aber erhalten sie die Möglichkeit, neue Dinge auszuprobieren, für die im regulären Alltag wenig Zeit bleibt.[15]

Eine Auszeit muss jedoch nicht lang sein, um das eigene kreative Potenzial zu stärken – insbesondere, wenn die Auszeit zum Reisen genutzt wird. Adam Galinsky, Professor an der Columbia Business School, hat mittlerweile in diversen Studien nachgewiesen, dass eine Korrelation zwischen Auslands-Reisen und Kreativität besteht. Durch neue Geräusche, Gerüche, Sprachen, Geschmäcker und Eindrücke werden neuronale Verknüpfungen positiv beeinflusst und die Synapsen belebt. Eine Art Verjüngungskur für das Gehirn.[16]

Doch nicht nur Reisen fördert das kreative Potenzial. Auch innerhalb des Unternehmens kann dieses gezielt gefördert werden. So beschreibt der schwedisch-amerikanische Unternehmer und Autor Frans Johansson in seinem Buch „Der Medici Effekt", dass die besten Ideen entstehen, wenn der Blick über den Tellerrand gewagt wird und sich Teams aus unterschiedlichsten Branchen, Kulturen und Expertisen zusammen tun.[17] Johanssons Werk zeigt anhand von zahlreichen Beispiele, dass die Neugier für neue Themen und das Zusammentreffen mit Menschen anderer Disziplinen wertvolle Entwicklungen auslösen können. So auch bei Richard Branson, der nach dem Verkauf seines erfolgreichen Musiklabels mit keinerlei Fachkenntnis den erfolgreichen Sprung in die Luftfahrtbranche wagte. Oder im Falle von Thomas Edison, dem wohl prominentesten Erfinder aller Zeiten, dessen Erfindung der Glühbirne nur gelang, weil er sich über sämtliche Disziplinen hinweg mit den unterschiedlichsten Innovationen beschäftigte. Inspirierend ist auch die kreative Vielfalt von Viggo Mortensen, der vielen als Hollywood-Schaupieler in seiner Rolle als Aragorn aus „Der Herr der Ringe"-Filmtrilogie bekannt ist. Neben seiner Karriere als Filmstar ist er Fotograf, stellt seine abstrakten Kunstwerke in zahlreichen Galerien aus, und verfasst Gedichte in drei unterschiedlichen Sprachen.

Menschen wie Mortensen werden oft als kreative Generalisten bezeichnet.[18] Sie begeistern sich schnell für die unterschiedlichsten Themen und entdecken so eigene Talente, schaffen neue Ideen und helfen Anderen dabei, sich ebenfalls für neue Themen zu öffnen. Unterstützt durch den passenden Freiraum zur Selbstentwicklung, wagen Menschen wie er den Sprung ins Ungewisse und entwickeln dadurch eine einzigartige, inspirative Kraft, die zu einer erfüllenden Selbstentwicklung führt.

Was ist aber mit Menschen, die nicht über einen derartigen Antrieb oder eine natürliche Neugier verfügen, weil ihnen entweder der Mut genommen wurde, neue Dinge zu wagen oder ihnen nie zugetraut wurde, über sich selbst hinaus zu wachsen? Für solche Menschen genügt Freiraum allein vermutlich nicht. Möglicherweise muss der erste Impuls von außen kommen. Fast jeder Leser wird ein Beispiel dafür kennen. Man wird von Familie, Freunden oder Kollegen motiviert, etwas Neues auszuprobieren und entwickelt daraus neue Hobbys und Interessen, auf die man selbst vielleicht nie gekommen wäre.

Ein inspirierendes Beispiel, wie eine solche „Fremdbestimmung" zur Selbstentwicklung in der Arbeitswelt genutzt werden kann, findet sich bei der Schweizer UBS Bank. Diese führt jährlich mit zwölfjährigen Schülerinnen der Bridge Academy Innovations-Workshops zu Themen wie Digitalisierung, Robotik oder Programmierung durch. Auch die Grundzüge bekannter agiler Arbeitsmethoden wie Design Thinking oder der Business Model Canvas werden den jungen Mädchen erklärt und von ihnen für eine Idee Ihrer Wahl angewendet. Die Bilanz dieser Initiative ist erfreulich. Vor den besagten Workshops konnten sich nur etwa 40 % der Schülerinnen vorstellen, dass IT und Technik für ihren zukünftigen Beruf wichtig sein würde, wohingegen das Interesse und die Begeisterung für Technologie zum Ende des Workshops dazu führte, dass etwa 90 % der Mädchen technisches Wissen für ihre Berufswahl für wichtig hielten.[19]

♥

foresightlab: „In Zeiten wie diesen, …

die durch Umbrüche geprägt und durch Unsicherheit gekennzeichnet sind, eröffnen sich Gestaltungsfreiräume für die Gesellschaft und den Einzelnen. Leider wird oft allzu eilfertig von Unternehmen, Politik und Wissenschaft die Bildung als Allheilmittel und zentrale Antwort auf die Wirkungen der digitalen Transformation angeführt. Eilfertig, weil etliche unbequeme Fragen damit unbeantwortet bleiben.

Wir haben es mit einem grundlegenden Strukturwandel von Berufen und Tätigkeitfeldern zu tun. Ein Schulfach Informatik oder dass jeder Schüler in der Schule ‚coden' lernen muss, sind keine Lösung. Es sind Ansatzpunkt für eine veränderte Lernpraxis. Die ‚Selbstentwicklung' nur in die Hände der Betroffenen zu legen, ist leider auch als ein Beleg für eine gewisse Hilflosigkeit zu werten. Auf der anderen Seite steckt hierin auch der Keim für innovative Qualifikationspartnerschaften. Ganz langsam erwächst in einigen Unternehmen, wie Trumpf, die Erkenntnis, dass ein solch dynamischer Wandel der Arbeitswelten verstärkt auch in den Betrieben bewältigt werden muss. Trumpf verfolgt eine ‚70-20-10-Regel' für alle Beschäftigten: 70% der Weiterbildung findet direkt am Arbeitsplatz statt, 20% im näheren Umfeld und nur 10% in klassischen Seminaren.

In einer Zeit des Umbruchs scheinen mir Experimente, Pilotprojekte, ein Wettbewerb um innovative Lösungen und die Stärkung der Selbstentwicklung von Schülern bis zum erfahrenen Facharbeiter geeignete Begleiter für eine zukunftsfähige Gestaltung von Bildung und Arbeit zu sein."

Klaus Burmeister
beschäftigt sich seit mehr als 20 Jahren mit zukünftigen Herausforderungen und Innovationen für Wirtschaft und Gesellschaft. Er war Gründer und Geschäftsführer von Z_Punkt The Foresights Company, einem international führenden Unternehmen für strategische Zukunftsfragen und arbeitet nun als Geschäftsführer bei foresightlab und Initiator der gemeinnützigen Initiative D2030.

Doch was sind mögliche Maßnahmen für Mitarbeiter, die schon seit mehreren Jahren in ihrem Job „gefangen" sind und sich weiterentwickeln wollen oder sollen? Fast scheint es so, als bliebe ihnen nur die Option, das Unternehmen zu verlassen, um sich selbst auszuprobieren und weiterzuentwickeln. Dies zumindest scheint ein verbreiteter Gedanke unter den Mitarbeitern zu sein. Anders lässt sich wohl kaum erklären, dass etwa ein Drittel der Deutschen über einen

Karrierewechsel nachdenkt – und dies, obwohl die meisten von ihnen in der gleichen Studie angeben, mit ihrem Job grundsätzlich zufrieden zu sein.[20]

Mit zunehmendem Alter nimmt dann auch die generelle Arbeitszufriedenheit der Mitarbeiter stetig ab. Und im Rahmen der berühmten Midlife-Crisis bei etwa Mitte 40 beginnen viele, ihre Karriere und ihr Leben grundsätzlich zu hinterfragen[21]. Spätestens hier wird deutlich, dass Mitarbeiter sich (auch in „guten" Jobs) irgendwann nach neuen Herausforderungen und Veränderungen sehnen können.

Eine spannende Möglichkeit, um dieser Sehnsucht zu begegnen, ist neben Sabbaticals der Einsatz von Mentoren und (Life-)Coaches, die Mitarbeiter dafür begeistern können, auch innerhalb des Unternehmens von ihren gewohnten, ausgetretenen Pfaden abzuweichen und sich cross-funktional neuer Aufgaben anzunehmen.[22] Wer nicht zu den wenigen Prozent gehört, die ihre Lebensaufgabe bereits gefunden haben, kann von solch einem subtilen „Fremdeinfluss" professionell beratender Außenstehender durchaus profitieren.[23] Aber auch Führungskräfte können diese Aufgabe übernehmen, wenn sie es schaffen, als Coach zu fungieren und individuell auf Mitarbeiter einzugehen. So zum Beispiel beim IT-Unternehmen Wacom. Hier bat der Senior Vice President of Brand & Communications eine seiner Mentees, eine Mitarbeiterin der Einkaufsabteilung, darum, ihren größten Wunsch auf ein Blatt Papier zu malen. Sie malte daraufhin ihre Vision von einer kreativen Taschenfirma und erklärte, dass sie von einem solchen Start-up schon lange träumte, um sich kreativ stärker ausleben zu können. Dies nahm der Mentor zum Anlass, ihr eine Position in der Marketing-Abteilung anzubieten, in der sie heute – mit großer Freude – ihr ganzes Potenzial ausschöpft und so einen noch wertvolleren Beitrag für das Unternehmen leistet.

Ein anderes, inspirierendes Beispiel findet sich beim Lübecker Medizin- und Sicherheitstechnikhersteller Dräger (Drägerwerk AG). In seinem „LUNA-Programm" bietet das Unternehmen seinen Angestellten nicht nur IT-, Sprach- und Persönlichkeitstrainings an, sondern fördert explizit auch die Entdeckung neuer Hobbies und Freizeitmöglichkeiten. Mitarbeitern bietet sich somit die Chance, persönliche Interessen auszuleben, Gleichgesinnte zu finden und bereichsübergreifend gemeinsamen Aktivitäten nachzugehen.[24]

Dräger: Kickbox-Projekte und Freiräume zur Selbstentwicklung

„Zu Beginn des Veränderungsprozesses, den der zentrale Innovationsvorstand 2016 initiiert hat, erhielten unsere Mitarbeiter die Möglichkeit, sich eine ‚Innovation Kickbox' mit einem Budget von 1000 Euro und bis zu 20% freier Arbeitszeit zu holen, um ‚Geschäftsführer' ihrer Idee zu werden. Zusätzlich hat die Personalabteilung die Aktivität

‚FreiRaum' gestartet. Hier können sich Führungskräfte frei und intensiv mit anderen Führungskräften austauschen, Dinge ausprobieren, miteinander teilen und sich gegenseitig bei der Entwicklung unterstützen. Weitere innovationsfördernde Angebote, wie die Dräger ‚Garage' als neuer Begegnungs- und Innovationsraum sowie begleitende Workshops, Impulsvorträge und die Implementierung agiler Methoden, wurden aufgesetzt.

Die beobachtbaren Effekte sind sehr positiv. Die Freiräume zur Selbstentwicklung geben einigen Mitarbeitern so viel Energie, dass sie geradezu über sich hinauswachsen. Aus zwei Kickbox-Projekten entstanden bereits eigene marktfähige Produkte. Wir haben eine Kultur des Ausprobierens und unternehmerischen Handelns erfolgreich angestoßen. Und das verdeutlicht, dass jedes Unternehmen Bereiche benötigt, in denen Neues zugelassen wird. Nur so bleibt eine Organisation zukunftsfähig. Dazu braucht es den Mut, auch Fehler machen zu dürfen und nicht alles zu kontrollieren. Vertrauen Sie Ihren Mitarbeitern!"

Thomas Glöckner
ist Head of Innovation Management bei Dräger (Drägerwerk AG). Das seit 1889 bestehende und in fünfter Generation von der Familie Dräger geführte Unternehmen entwickelt, produziert und vertreibt Produkte in den Bereichen Medizin- und Sicherheitstechnik.

Auch die Intrapreneurship-Programme großer Konzerne, wie Allianz, Daimler oder Henkel, sind in diesem Kontext relevant. Denn hier werden Mitarbeitern zum Teil umfassende Möglichkeiten geboten, um selbstständig ihre gestalterischen und unternehmerischen Potenziale zu entwickeln. Bei Henkel beispielsweise ermöglicht ein integriertes Open-Innovation-Programm, auf die Expertise unterschiedlicher Industriepartner und die Schwarmintelligenz renommierter Business Schools zurückzugreifen. Fortlaufende Mentoring-Programme mit externen Mentoren dienen dazu, den Mitarbeitern Mut zu machen, neue Ansätze kritisch zu hinterfragen und neue Ideen zu entwickeln. Und die Vielfalt verschiedener Fähigkeiten und Hintergründe wird nutzbar gemacht, indem über eine eigens entwickelte App Mitarbeiter und Mentoren mit ähnlichen Interessen „gematcht" werden. So gelingt es dem Unternehmen, Mitarbeiter sukzessive aus ihrer Komfortzone zu locken, um neue Dinge zu wagen und auszuprobieren. Ein effektives Konzept für Menschen, die einem Konzern initial womöglich eher fremdbestimmt beigetreten sind, mit der Zeit aber selbstbestimmte Ideen und Visionen entwickelt haben oder dies anstreben.[25]

„Henkel X": Beschleunigung der unternehmerischen Transformation

„Henkel X ist eine offene Innovations-Plattform, die dazu dient, die digitale Transformation unseres Unternehmens von innen heraus anzutreiben. Dazu haben wir drei Säulen aufgebaut. In der ersten Säule, dem *Ecosystem*, bringen wir ein Netzwerk aus Mentoren, Kollaboratoren und Industriepartnern zusammen, um an branchenweiten Herausforderungen zu arbeiten. Mitarbeiter können sich intern und extern vernetzen, von den Erfahrungen anderer lernen und neue Opportunitäten verfolgen. Die zweite Säule, *Experience*, öffnet Henkel mit inspirierenden und kollaborativen Formaten. Mitarbeiter können Start-ups oder Innovatoren kennenlernen, inspiriert werden – und eine Zusammenarbeit beginnen. Die dritte Säule, *Experimentation*, ermöglicht Mitarbeitern, konkrete Projekte in Lean Startup-Methodik mit Industriepartnern umzusetzen und direkt im Markt zu testen, um zu lernen und weiterzuentwickeln.

In jeder der Säulen bieten wir dazu konkrete Maßnahmen für alle Mitarbeiter. So zum Beispiel *Henkel X Show and Tell*, ein Live-Event an all unseren weltweiten Standorten, an dem tausende Henkel-Mitarbeiter teilnehmen. Hier werden Start-ups und Mentoren mit Mitarbeitern vernetzt, um diese zu kundenzentrierten Innovationen und Projekten zu inspirieren. Ein weiteres Beispiel ist die *Henkel X App* – unser internes Kollaborations-Tool, das die Henkel-Mitarbeiter mit Innovationsthemen, unserem Event-Kalender und mit unseren Mentoren vernetzt. Darüber hinaus verfügen wir über eine interaktive *Lernplattform* zur selbstständigen Weiterbildung zu neuen Themen. Ohne Zwang wird hier mit einem interaktiven User Interface und gutem Storytelling begeistert, sodass Mitarbeiter es nutzen wollen, statt nutzen müssen. Künstliche Intelligenz sorgt dabei für ein individuell ausgerichtetes Lernprogramm, abhängig von den Interessen und bereits absolvierten Inhalten."

Dr. Rahmyn Kress
Als Chief Digital Officer bei Henkel hat Dr. Rahmyn Kress „Henkel X" aufgesetzt. Damit sollen die über 50.000 Mitarbeiter des Konsumgüter-Unternehmens auf die Herausforderungen der Digitalisierung und der eigenen Branche vorbereitet werden.

♥

Initiativen, die Mitarbeiter bei ihrem Weg zu einem selbstbestimmteren (Arbeits-)Leben unterstützen, dienen jedoch nicht nur den Mitarbeitern. Das Unternehmen rüstet sich damit für die zukünftigen Herausforderungen der Arbeitswelt. Denn für eine Welt, die von Veränderungen und komplexen Herausforderungen geprägt ist, werden sogenannte „transferable skills" benötigt, also Fähigkeiten, die tätigkeitsübergreifend relevant sind. Man geht heute davon aus, dass über 90 % des Berufserfolgs von solchen übertragbaren Softskills abhängen.[26] So liefern Programme und Projekte zur Weiterentwicklung von Fähigkeiten wie Teamwork, Innovationskompetenz, Leadership, emotionaler Intelligenz oder Kreativität den Grundstein für den zukünftigen Erfolg des Unternehmens. Und gleichzeitig bieten ebensolche Meta-Maßnahmen der Persönlichkeitsentwicklung eine große Chance für die Mitarbeiter, langfristig einem fremdbestimmten Arbeitsleben zu entkommen. Insbesondere dann, wenn diese durch Maßnahmen zur Selbstreflexion ergänzt werden. Denn nur wer sich selbst gut genug kennt und weiß, wo er hinwill, kann sich auch proaktiv in die gewünschte Richtung bewegen.

Um dem eigenen Selbst auf den Grund zu gehen, können psychoanalytische Tests zum Einsatz kommen. Anbieter für derartige Tests gibt es reichlich, einer der bekanntesten Tests ist „16 Personalities" von NERIS Analytics Limited in London. Die Methodik von 16 Personalities basiert dabei auf bekannten psychologischen Konzepten, wie Gustav Jungs Beobachtung von Intro- und Extraversion, dem darauf basierenden Myers-Briggs Type Indicator und den Big-Five-Charakterzügen, ein Modell, das moderne psychologische und soziale Studien kombiniert.[27] Das oft erstaunlich präzise Ergebnis identifiziert die Persönlichkeit des Probanden und kategorisiert diese in einen von sechzehn unterschiedlichen Charakteren. So ergibt sich beispielsweise der „Debattierer", ein kluger und neugieriger Denker, der keiner intellektuellen Herausforderung widersteht, oder der „Konsul", der außerordentlich fürsorglich, sozial und bei Mitmenschen beliebt ist.

Was zunächst wie ein Horoskop klingen mag, kann bei genauerer Analyse des Ergebnisses sehr aufschlussreich sein. Für unterschiedliche Charaktere werden verschiedene Handlungsvorschläge zum Umgang mit Hobbies, Freundschaft, Liebe und Beruf geliefert. Eine Art Ausweg aus einer fremdgesteuerten Karriere mit Blick auf die eigenen Bedürfnisse und Qualitäten. Der Fokus auf das Selbst liefert nicht nur persönliche Erkenntnisse, sondern kann auch dabei helfen, sich gegenseitig besser zu verstehen. So kann zum Beispiel der Vorgesetzte Erkenntnisse darüber gewinnen, für welche Aufgaben ein Mitarbeiter potenziell besonders gut geeignet ist, ob dieser eher analytisch oder intuitiv arbeitet oder wie das Feedback mit diesem gestaltet werden sollte. Manche Charaktere sprechen auf trockenes und direktes Feedback gut an, wohingegen Andere mit blumig verpackter Kritik besser umgehen können. Auch bei der Zusammenstellung von Projektteams, bei der das Verhältnis von intro- und extrovertierten Charakteren zu beachten ist, kann eine solche Persönlichkeitsanalyse von großem Nutzen sein.

Zusammenfassend lässt sich festhalten, dass Unternehmen eine große Bandbreite an Möglichkeiten für die Entwicklung ihrer Mitarbeiter zur Verfügung steht – von fest vorgegebenen Maßnahmen bis hin zu freier Selbstentwicklung. Diese gilt es, möglichst individuell auf die Persönlichkeit und die Bedürfnisse jedes Einzelnen anzupassen. Denn es gibt sowohl Menschen, die eine komplett vorgegebene, fremdgesteuerte, sichere Karriere bevorzugen, als auch Personen, die eine möglichst selbstbestimmte Entfaltung suchen, wie man es insbesondere bei Künstlern, Autodidakten oder Visionären wie Elon Musk beobachten kann. Für die meisten Menschen liegt der passende Weg je nach Zeitpunkt und Lebenssituation jedoch wahrscheinlich zwischen diesen beiden Extremen.

ENTWICKLUNG

FREMDBESTIMMT				SELBSTBESTIMMT
Fest vorgegebene Karriere-/ Entwicklungspfade	**Fest vorgegebene Entwicklungspfade zur Auswahl**	**Individuelle Entwicklungspfade werden vorgegeben**	**Optionale Entwicklungsmöglichkeiten**	**Freiraum zur Selbstentwicklung ohne Vorgaben**
Monothematische Karriere- und Entwicklungspfade sind fest vorgegeben	Mehrere starre Karriere- und Entwicklungpfade, aus denen gewählt werden kann	Karriere-/Entwicklungsmöglichkeiten werden individuell passend zum Mitarbeiter vorgegeben	Entwicklungsmöglichkeiten werden optional und ohne festen Karrierepfad angeboten	Freiraum zur Selbstentwicklung; Wunschentwicklung wird gefördert
z.B. durch vorgegebene Karrierestufen, feste Laufbahnen, „up or out", vorgeschriebene Tainings	*z.B. durch Auswahl zwischen Fach- und Führungskarriere mit passenden Trainings*	*z.B. individueller Karriepfad mit dazu passenden Trainings; individueller Quereinstieg*	*z.B. durch Angebot von Mentoring, Coaching, Job-Rotation, Intrapreneur-Programmen*	*z.B. Möglichkeit für Sabbaticals, Förderung von individuellen Arbeits- und Lebensmodellen*

Fragen wie „Ist es das Richtige für mich?" oder „Kann ich mein Potenzial hier voll entfalten?" werden bei Mitarbeitern aufkommen. Darauf sollten Unternehmen Antworten bieten. Für manche mögen diese Antworten in klaren Karrierepfaden wie bei Kanzleien oder Beratungen liegen, die Orientierung für die Lebens- und Karriereplanung bieten. Für andere kann die Auswahl zwischen einer Fach- und einer Führungskarriere, wie dies im Kontext größerer Unternehmen oftmals anzutreffen ist, entscheidend sein. Mit Blick auf die neue Arbeitswelt lassen sich Entwicklungen jedoch immer weniger prognostizieren, sodass individuelle Wahlmöglichkeiten an Relevanz gewinnen werden. So könnte jeder Mitarbeiter zum Beispiel abhängig von den eigenen Bedürfnissen, Stärken und Schwächen passende Entwicklungsangebote erhalten. Gerade für sogenannte High Potentials ist dies teilweise schon möglich, indem zum Beispiel ein Traineeprogramm individuell abgestimmt wird oder in Start-ups passende Rollen für neue Mitarbeiter definiert werden. Wie wir gesehen haben, eignen sich auch optionale Angebote sehr gut, um Mitarbeiter zur eigenen Entwicklung anzuhalten. Diese Formen von Coaching-, Projekt- oder Mentorenangeboten finden sich zum Beispiel in vielen Innovation Hubs oder modernen Forschungsabteilungen. Und auch Sabbaticals und andere Optionen zur Selbstentfaltung werden an Bedeutung weiter zunehmen.

Wird die berufliche Selbstfindung erst einmal angestoßen, kann ungeahntes individuelles Potenzial zum Vorschein kommen. Und welches Unternehmen wünscht sich dies nicht auch für die eigenen Mitarbeiter? Wer hungrig bleibt und sich traut, verrückt zu sein, wie es Steve Jobs propagierte, der wird nicht nur mehr Freude an seiner Arbeit finden, sondern effektiver und effizienter an Lösungen arbeiten – bis hin zu einer völlig selbstgesteuerten Entwicklung zum bestmöglichen Selbst. Ein schönes Ziel für eine spannende, erfolgreiche Reise.

IMPULSE

1. Was haben Sie in der Schule, an der Uni oder während Ihrer Karriere insbesondere deshalb gemacht, weil andere dies von Ihnen erwartet haben? Wie können Sie in Zukunft mehr das tun, was Sie selbst wollen und dies auch bei anderen aktiv fördern?

2. Wollten Sie immer schon einmal etwas ganz Verrücktes machen? Was hindert Sie daran? Haben Sie bei anderen Verständnis für „verrückte" Ideen?

3. Kennen Sie besonders kreative Menschen? Warum glauben Sie, sind diese kreativ?

4. Wie flexibel können Sie und Ihre Mitarbeiter ihre Karriere gestalten?

5. Wie gut kennen Sie sich selbst? Und Ihre Kollegen? Führen Sie einen der genannten Persönlichkeitstests durch. Wie überrascht sind Sie von den Ergebnissen?

6. Was würden Sie machen, wenn Sie ein Jahr frei hätten? Fragen Sie auch Ihre Mitarbeiter und Kollegen danach.

NEUE HALTUNG
statt
NEUE HIERARCHIE

♥

OLIVER BERGER

" *Seitdem bei uns der Kulturwandel ausgerufen wurde, ist alles ganz anders. Einzelbüros wurden abgeschafft und die Chefs sitzen jetzt mit uns im neuen Großraumbüro, pardon, ‚Open Office'. Unser Chef trägt jetzt natürlich auch keine Krawatte mehr, dafür aber lässige Sneakers. Bitte nicht falsch verstehen – grundsätzlich finde ich das ja super. Allerdings ist das meine ganz persönliche Meinung. Ich akzeptiere durchaus, wenn jemand ein Faible für Anzug und Krawatte hat. Unser Chef hat dagegen einfach die eine Uniform gegen eine andere getauscht. Man sieht förmlich, wie viel unwohler er sich im neuen Look fühlt. Authentisch wirkt das jedenfalls nicht. Dabei ist Authentizität der Kern, der mich bisher noch zu meinem Chef aufschauen ließ. Aber nein, hier war die zur Schau getragene Jugendhaftigkeit dem Vorstand offenbar wichtiger.*

Interessanterweise ist die Stimmung unseres Chefs seit der auferlegten Coolness-Offensive wesentlich angespannter als früher – vielleicht mochte er die klare Hierarchie vorher eigentlich ganz gerne? Allen ist schließlich klar, dass er trotzdem immer noch der Chef ist und wissen gar nicht, wie nun der Umgang sein soll. Seit er mit uns auf der Fläche ist, hat sich förmlich eine gläserne Wand um ihn herum aufgebaut. Die Atmosphäre ist von Verkrampftheit nur so erfüllt; ein paar fühlen sich kontrolliert, die meisten einfach nur beobachtet – in jedem Fall weiß keiner mehr so recht, was er davon halten soll, dass wir jetzt alle auf Knopfdruck locker und ‚unhierarchisch' sein sollen. Vom Pflicht-Du will ich gar nicht erst anfangen.

Ich habe das Gefühl, dass dieser sichtbar gemachte Abbau der Hierarchie uns allen zeigen soll: Ihr seid jetzt ganz nah dran an ‚uns oben'. Wenn die, die sich das ausgedacht haben, nur wüssten, wie weit sich fünf physische Meter anfühlen können. Ich kann Ihnen sagen, das sind Lichtjahre. Manchmal reicht es halt nicht aus, mal eben nur den Raum zu krümmen, sondern es muss einfach mehr sein.

Vor einigen Wochen habe ich meinem Chef zum Beispiel im Aufzug eine Idee vorgestellt. Jetzt, wo die Strukturen ja so flach sind, sollte es doch eigentlich auch die Zeit dafür geben – quasi unter Kollegen … 30 Sekunden Elevator Pitch, um eine Sache, die ich echt lange mit mir rumgetragen habe, überzeugend anzubringen. Alle Versuche, vorher mal 10 Minuten mit ihm zu sprechen und näher zu erklären, waren bisher radikal abgeblockt worden. ‚Keine Zeit, Herr Berger. Machen wir wann anders, haben Sie schon die Projektfolien auf meinen Schreibtisch gelegt?' Wie dem auch sei, im Aufzug witterte ich meine Chance. Und, was glauben Sie? Richtig! Volle Enttäuschung. Seine Antwort: ‚Kann ich mich nicht mit auseinandersetzen. Und Sie sollten auch besser das erledigen, was auf ihrem Schreibtisch liegt.

Ideen haben wir genug!' Die Tür ging auf, er ging raus, mein Mund stand offen und ich habe das Kapitel für mich abgeschlossen. Wir haben halt nicht nur keine Fehlerkultur, sondern auch bei der Feedbackkultur hapert es! Da helfen auch die Sneakers herzlich wenig.

Dass es auch ganz anders geht, hat mir neulich ein Bekannter erzählt. In einem Kreativ-Meeting saß er mit fünf anderen Kollegen aus seinem Team zusammen. Dabei war noch der Abteilungsleiter und der neue Chief Digital Officer, den sie im Unternehmen jetzt eingestellt haben. Letzterer war zwar wohl nur am Anfang des Brainstormings dabei, hat da aber anscheinend echt produktiv mitgewirkt. Zumindest hat er mächtig Eindruck hinterlassen. ‚Saucool und motivierend! Selbst unser Auszubildender hat, durch ihn ermutigt, seine Ideen beigesteuert – ganz großes Tennis', meinte mein Bekannter. Die haben also weniger an der Hierarchie geschraubt, wohl aber an der Führungskultur und Haltung gearbeitet.

Um das klarzustellen: Ich kann mich persönlich durchaus mit der Rolle eines ‚Indianers' anfreunden – mir geht es nicht darum, unbedingt der nächste Häuptling zu werden, auch wenn ich Karrierepläne habe. Ich will allerdings als Mensch und Arbeitnehmer wertgeschätzt werden und nicht als Kästchen mit zementierter Aufgabenbeschreibung enden, ohne Option meine Ideen zu äußern. Hierarchie muss ja nicht gleich unüberbrückbare Befehlskette sein. Ich finde, es ist an der Zeit, mehr über die Haltung statt über den Umbau der Hierarchie nachzudenken. **❝❝**

Wo finden sich seit Jahrtausenden die effizientesten und effektivsten Organisationen? Richtig, beim Militär. Selbiges zeichnet sich bekanntlich durch eine klare und umfassende hierarchische Struktur und Befehlskette aus. Das macht dort auch durchaus Sinn, damit Armeen mit Truppenstärken wie der von China (2,3 Millionen Soldaten) oder der der USA (1,4 Millionen Soldaten) im Einsatzfall funktionieren.[1] Befehlsgeber und Ausführende wissen dort sehr genau um ihre eigene Position. Streng nach dem Motto „Oben sticht unten" ist je nach Rang klar, ob man sich unter- oder überzuordnen hat. In der Theorie ist das absolut effizient. Und auch wenn es in der Praxis wohl immer wieder mal Haken und Ösen gibt – für den entsprechenden Kontext bleibt die streng gegliederte Strukturform wahrscheinlich die einzig sinnvolle.

Mit diesem Vorbild vor Augen ist es wenig überraschend, dass auch Unternehmen traditionell mit wachsender Größe immer hierarchischer werden und dass augenscheinliche Erfolgsrezept des Militärs übernehmen. Zumindest war dies in der Vergangenheit so. Heute benötigen immer weniger Unternehmen Befehlsempfänger. Stattdessen werden agile, selbstverantwortliche und selbstdenkende Mitarbeiter gesucht. Anders können Teams in der komplexen Welt gar nicht schnell genug auf Veränderungen reagieren. Also weg mit der Hierarchie, um solche Teams zu ermöglichen?

♥

Dass dieser erste Reflex nicht unbedingt der beste, in jedem Fall aber keine ausreichende Lösung ist, zeigt ein weiterer Blick zum Militär. Auch dort gibt es schließlich Eliteeinheiten, welche in kleinen Teams die schwierigsten Herausforderungen lösen können, obwohl eine militärische Hierarchie besteht. Wie passt das zusammen?

Betrachten wir dazu einmal die aus vielen Filmen bekannten US-Marines oder auch die US-Navy SEALs. Von zahlreichen Experten werden diese Eliteeinheiten objektiv und neidlos als die besten der Welt bezeichnet. Sie sind in militärischen Konflikten auf dem ganzen Globus aktiv und zeichnen sich unter anderem verantwortlich für das Ausschalten Osama bin Ladens oder die Befreiung von Richard Phillips, dem Kapitän des durch Piraten gekaperten Containerschiffs Maersk Alabama, 2009 am Horn von Afrika.

Unbestritten sieht man auch bei diesen Einheiten eindeutige, strikte und streng hierarchische Strukturen. Spätestens seit dem Blockbuster von Ridley Scott, Die Akte Jane (1997), wissen wir auch, wie autoritär der Drill ist, den die Rekruten bei Ihrer Ausbildung „genießen" dürfen. Wenn wir nun aber mit unserem Feldstecher ein wenig näher heranzoomen und uns vom Hollywood-Pathos befreien, können wir verblüffende Erkenntnisse gewinnen. Die militärische Extraklasse basiert keinesfalls allein auf dem effizienten Befolgen von Befehlsketten oder der autoritären Ausbildung. Vielmehr begründet sich die besondere Stellung und Qualität der Einheit im dienenden und situativen Führungsverständnis. Die SEALs verstehen sich, inklusive deren obersten Befehlshabenden, (auch) als effektive Gefolgsleute. Soldaten also, die sich aktiv für den Sinn der Sache einsetzen und sich mit kritischem Denken an aufkommende Kontexte effektiv anpassen. Sich zurücknehmen, um in der Gesamtheit das beste Ergebnis zu erzielen. So heißt es im offiziellen SEALs Code zum Beispiel ganz offenbarend:

> „Ready to Lead, Ready to Follow, Never (to) Quit."
> *– Code der Navy SEALs*

Das Führungsverhalten der Befehlshabenden besticht dadurch, dass es auf einer besonderen Haltung beruht. Eine Haltung, die das Thema *Führung* von der vorgegebenen, hierarchischen Struktur weitestgehend entkoppelt. Es bedingt also nicht die Hierarchie die Qualität des Outputs. Vielmehr scheint es an dieser Stelle eine Frage der Führungsart zu sein, die in jeder Form von Hierarchie erfolgreich sein kann. Ist es dann nicht absurd, stets über weniger *Hierarchien* zu diskutieren statt über mehr *Haltung*?

L'Oréal: Erfolgreiche Führung gelingt durch Wertschätzung

„Im Laufe meiner Karriere hat sich die Rolle einer Führungskraft stetig gewandelt. Die Welt wird zu schnell und komplex, als dass ein einzelner Chef alles noch selbst planen und steuern kann. Stattdessen muss die Führungskraft als Coach fungieren, der die Mitarbeiter eher begleitet als leitet und so zu einer selbstverantwortlichen Arbeitsweise verhilft. Dazu gehört, das Team in den Vordergrund zu stellen, doch im Hintergrund präsent zu sein. Dies gelingt nur, wenn man sich als Führungskraft selbst zurücknehmen kann und den Fokus auf Authentizität, Transparenz und Vertrauen legt.

Die für mich wichtigste Grundlage dafür ist die Wertschätzung eines jeden Beschäftigten. Einen interessanten Impuls für diese Erkenntnis hatte ich bei meinem zehnjährigen Dienstjubiläum im Unternehmen. Ich war zu dem Zeitpunkt in der Unternehmenszentrale und wunderte mich, dass offenbar niemandem bewusst war, welche besondere Bedeutung dieser Tag für mich hatte. Dadurch habe ich realisiert, wie wichtig es ist, proaktiv Wertschätzung und Dankbarkeit auszudrücken. Das schaffe ich mit einfachen, aber wirkungsvollen Maßnahmen, die zwar Zeit kosten, sich jedoch vielfach auszahlen.

So begrüße ich jeden neuen Mitarbeiter innerhalb seiner ersten vier Wochen bei uns im Unternehmen persönlich. Bei Positionswechseln schreibe ich eine persönliche E-Mail und bei allen runden Jubiläen bedanke ich mich auch persönlich. Alle Mitarbeiter erhalten kontinuierliches Feedback und finden bei mir stets ein offenes Ohr – auch außerhalb der regelmäßigen Verabredungen zum Mittagessen oder Kaffee. Unabhängig von diesen Beispielen richte ich mich grundsätzlich nach der Faustregel: Geh mit Mitarbeitern so um, wie du es dir auch für dich selbst wünschst. Auf diese Weise möchte ich die Grundlage schaffen, dass jeder einen ‚Good Job' hat und motiviert zur Arbeit geht."

Rolf Sigmund
Als Geschäftsführer Deutschland beim Kosmetikkonzern L'Oréal ist Rolf Sigmund zuständig für die Division Luxe. Seit mehr als 30 Jahren ist er in verschiedenen Positionen in dem Unternehmen tätig, erlebt Veränderungen mit und reflektiert über Führung und Hierarchien.

♥

Viele Organisationen trennen jedoch Hierarchie und Haltung immer noch nicht, sondern richten Rollenverständnis und Entscheidungsfindung strikt an der hierarchischen Struktur aus. Welche schwerwiegenden Konsequenzen es haben kann, wenn auf diese Weise das übergeordnete Ergebnis (bewusst oder unbewusst) hintenangestellt wird, zeigt ein einprägsames Beispiel aus der Flugbranche. Der südkoreanischen Fluggesellschaft Asiana machte bereits seit den 1980er-Jahren eine Reihe schrecklicher Flugkatastrophen zu schaffen. Obwohl man viel Geld in Sicherheitsmaßnahmen, Wartung des Materials und die Ausbildung des Personals steckte, hatte die Gesellschaft weiterhin mit einer hohen Anzahl von Flugunfällen zu kämpfen. Nach dem Absturz einer Asiana Airlines Maschine in San Francisco 2013 entdeckte Thomas Kochan, Professor an der Sloan School of Management am MIT, eine überraschende Ursachenkette in diesem Zusammenhang.

So hatte die Los Angeles Times im Nachgang zur Katastrophe berichtet, dass die Piloten im Cockpit vor dem besagten Unglück laut Aufzeichnungen der Blackbox die akute Gefahrensituation nicht einmal diskutiert hatten.[2] Professor Kochan attestierte dazu: „Die koreanische Kultur zeigt zwei relevante Eigenschaften in diesem Zusammenhang – den Respekt vor Seniorität und Alter sowie einen stark autoritären Stil. Wenn Sie nun beides zusammenbringen, können Sie sich vorstellen, dass Kommunikation in erster Linie eine Einbahnstraßenthematik ist."[3]

An diesem Beispiel wird klar, wie relevant das Zusammenspiel von Kultur, Haltung und Kommunikation in der Hierarchie plötzlich wird. Selbst sehr gut ausgebildete Co-Piloten waren durch ihren kulturellen Kontext und die Haltung ihrer Führungskräfte nicht darauf trainiert oder dazu befähigt, die mit ihnen im Cockpit sitzenden Piloten zu hinterfragen. Stattdessen wurden sie durch die strenge Befolgung der Hierarchie ineffektiv in ihrer Rolle.

Dies lässt sich auch gut im Fellowership-Modell von Robert Kelley aus der Harvard Business Review darstellen.[4] Ohne die richtige Haltung werden die Mitarbeiter hier zu „Ja-Sagern", „blind folgenden Schafen" oder „desillusionierten Mitläufern", während die SEALs sich wohl im Quadranten rechts oben wiederfinden würden.

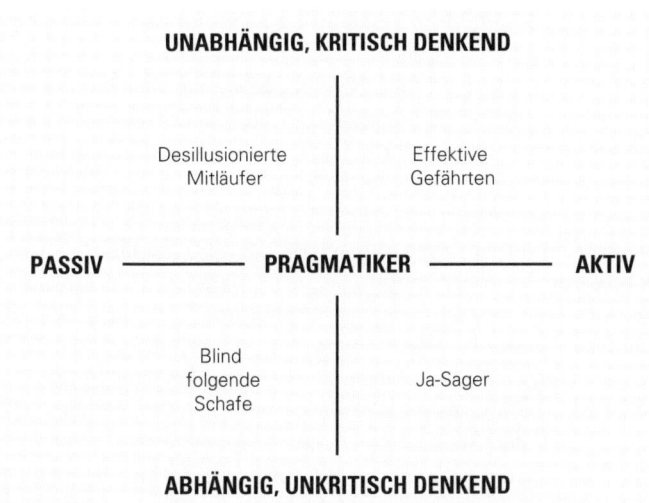

UNABHÄNGIG, KRITISCH DENKEND

Desillusionierte Mitläufer	Effektive Gefährten

PASSIV ———— **PRAGMATIKER** ———— **AKTIV**

Blind folgende Schafe	Ja-Sager

ABHÄNGIG, UNKRITISCH DENKEND

Fellowership-Modell nach Robert Kelley[5]

Doch wie genau kann erfolgreiche Führung unabhängig von der Hierarchie gelingen? Eine eindrucksvolle Beobachtung dazu beschreibt Simon Sinek in seinem Buch „Gute Chefs essen zuletzt".[6] So ist das gemeinsame Essen fassen bei den militärischen Einheiten beinahe eine ikonische Verkörperung des besonderen Führungsverständnisses. Entgegen der möglichen Vermutung, dass es bei den Soldaten wie bei Löwen am Wasserloch zugehen könnte, sieht die Routine tatsächlich ganz anders aus. Offiziersanwärter, also diejenigen Dienstgrade, die hierarchisch eher am unteren Ende der Befehlskette anzufinden sind, erhalten Ihre Nahrungsration stets als Erste. Die dienstältesten und ranghöchsten Offiziere hingegen erhalten sie zuletzt. Hierarchieverständnis einmal anders herum. Und dies ganz ohne expliziten Befehl. Es ist quasi ein ungeschriebenes Gesetz und damit gelebte Kultur. Ohne es auszusprechen, wird von den Führungskräften erwartet, sich als Letzte zu bedienen. Denn der Preis für die Führungsrolle ist die Bereitschaft, die eigenen Bedürfnisse den Bedürfnissen der anderen, also denen der Gemeinschaft oder des Systems, bedingungslos unterzuordnen.

Wir reden hier somit von einem moralischen, verantwortungsvollen Vorweggehen, anders gesagt einem *dienenden Führungsverständnis* oder auch „Servant Leadership". Hierbei handelt es sich ganz offensichtlich um eine besondere Form der Führung, die als Konstante eine bemerkenswerte Einstellung oder eben Haltung aufweist. Der Begriff beschreibt die geringere Bedeutung der einzelnen Person gegenüber der höheren Bedeutung ihres Umfelds. Wohlgemerkt unabhängig von der hierarchischen Position. Eine amerikanische Anekdote skizziert das dienende Führungsverständnis anhand des ersten US-Präsidenten George Washington:

♥

„An einem regnerischen Tag während des Amerikanischen
Unabhängigkeitskrieges ritt George Washington zu einer Gruppe
von Soldaten, die gerade versuchte, einen schweren,
hölzernen Balken anzuheben. Der verantwortliche Corporal
verlangte lauthals nach mehr Einsatz, aber die Soldaten konnten den
Balken einfach nicht in Position bringen. Nachdem er ihre vielfachen
Versuche beobachtet hatte, fragte Washington den Corporal, warum
dieser nicht mit anpacke und seinen Soldaten behilflich sei. Darauf
antwortete der Corporal: „Sehen Sie nicht, dass ich der Corporal bin?"
Sehr höflich antwortete General Washington: „Ich bitte vielmals um
Verzeihung, Corporal." Washington stieg daraufhin von seinem Pferd
ab und ging den Soldaten zur Hand, um den Holzbalken gemeinsam in
Position zu bringen. Als die Arbeit schließlich vollbracht war, wischte
sich der General den Schweiß aus dem Gesicht und sagte:
„Wenn Ihr wieder Hilfe braucht, ruft nach Washington,
Eurem Oberbefehlshaber, und ich werde kommen."
– Amerikanische Anekdote

Eine solch edle Haltung beschreibt also ein Handeln auf Augenhöhe. Und
dabei geht es weniger um das Herablassen der Führungskraft auf eine untere
Stufe – selbst wenn man vom Pferd absteigt – als vielmehr um das gemeinsame
Dienen an der Sache ohne Berücksichtigung hierarchischer Unterschiede.

Vodafone: Wie Schlittenhunde ans Ziel kommen

„Mitarbeitern zu dienen und ihre Bedürfnisse zu erfüllen, um ihnen
eine optimale Arbeits- und Lebensumgebung zu ermöglichen, ist ein
zentrales Merkmal moderner Führung. Dabei ist menschliche Nähe
wichtig. Wir haben mit Hannes Ametsreiter einen inspirierenden CEO,
der Nähe lebt. Jeden Montagmorgen finden offene Frageründen mit
Mitarbeitern statt, um locker und ungezwungen über das zu sprechen,
was ihn und die Belegschaft bewegt. Außerdem veranstaltet er regelmäßig ein Frühstück in kleiner Runde, um gemeinsam über Visionen
und Verbesserungen zu diskutieren und Hilfe anzubieten.

Ein solches Führungsverständnis versuche ich auch in meinem Ver-
antwortungsbereich zu leben. Als Inspiration dient mir vor allem eine
Metapher meines Großvaters, der als Direktor bei Thyssen gearbeitet
hat: ‚Erfolgreiche Führung ist wie ein Schlittenhunderennen. Du musst
die Hunde an die richtige Stelle setzen, damit sie sich im Geschirr
entsprechend ihrer Eignung entfalten können und Freude empfinden.
Danach musst du nur noch lenken.'

Dieses Geschirr symbolisiert für mich ein Team, das nur funktioniert, wenn jeder das tut, was er am besten kann. Das heißt, ich muss die Personen finden, die in ihrer Position eine Erfüllung finden. Dabei geht es nicht darum, ein perfektes Team zu haben, sondern kontinuierlich danach zu streben.

Kürzlich hatte ich die Möglichkeit, bei einem Schlittenhunde-Training zu erleben, was passiert, wenn die vermeintlich erstrebenswerte Führungsposition mit dem stärksten Hund des Teams besetzt wird. Er fühlte sich sehr unwohl und war am Ende voller Freude, wieder auf *seiner* Position zu sein. Das hat mich darin bestärkt, viel in die Menschen und das Verständnis ihrer Bedürfnisse zu investieren, da sie es sind, die den ‚Schlitten über die Ziellinie ziehen!'"

Marc Spenlé
Seit Juni 2018 ist Marc Spenlé Chief Information Officer bei Vodafone Deutschland und dort insbesondere für die IT- und Business-Transformation zuständig.

Dienendes Führen hat zum Ziel, die Mitmenschen (oder eben Mitarbeiter) zu beschützen, sie zu ehren und für das Wohl der gemeinsamen Sache zu sorgen. Dem Begriff haftet damit etwas Würdevolles, etwas Edles und Aristokratisches an. Er signalisiert Integrität, Stabilität, Konsequenz und belastbare Erwartungen.[7] Die dienende Führungskraft nimmt mit der Haltung einen hohen moralischen Standpunkt ein und wird damit der ihr zugeschriebenen Verantwortung gerecht. Und sei es nur dadurch, mal bei einer Idee ein paar Sekunden konzentriert zuzuhören.

Haltung in der Führung ist dabei nicht zu verwechseln mit dem konkreten *Führungsstil*. Genauso wie die Haltung einer Führungskraft unabhängig von der *Hierarchie* des Unternehmens sein sollte, sollte diese auch unabhängig vom konkreten Führungsstil sein. Warum ist diese Unterscheidung so wichtig? Dienende Führung sollte (idealerweise) grundsätzlich die Haltung einer jeden Führungskraft auszeichnen, unabhängig von den konkreten Rahmenbedingungen oder einer bestimmten Situation. Der Führungsstil dagegen sollte sich situativ anpassen, da eine bestimmte Situation, bei einem bestimmten Mitarbeiter, in einem bestimmten Unternehmen auch eines bestimmten Führungsstils bedarf.

So kann ein SEALs-Offizier – getreu dem offiziellen Code „Ready to Lead, Ready to Follow, Never (to) Quit" – situativ durchaus mal *befehlend*, mal *affilativ* und mal *coachend* agieren. Und doch wird dieser unabhängig von der konkreten Situation stets sein Team beschützen, ehren und für das Wohl der gemeinsamen Sache einstehen.

Deutsche Telekom: Humor ist, wenn man trotzdem lacht – Management by laughing out loud

„Kreativität ist die neue Währung im Management. Sie ist der Treiber für jede Innovation und Veränderung. Aber Kreativität braucht ein Umfeld, das Vertrauen, eine offene Arbeitsatmosphäre sowie eine gewisse Fehlertoleranz erlaubt und begünstigt; eine Atmosphäre, die kritische Diskussionen hierarchieübergreifend belohnt. Und der beste Katalysator ist immer noch Humor. Ein gutes Beispiel zeigt die folgende Anekdote:

In meiner vorigen Station in einem DAX-Konzern wurde ich neu in den Kreis der internationalen Finanzleiter der Gruppe aufgenommen. Hier wurden regelmäßig alle Top-Executives sowie die Vorstände des Konzerns eingeladen, um gemeinsam die strategischen Belange des Konzerns zu gestalten, zu diskutieren und die Umsetzung zu besprechen. Es herrschte eine offene, aber sehr ernste Diskussionskultur. Einige Wochen später trafen wir uns zu einem ‚Off-Site' mit dem CEO und unserem Team-Coach. In einer Feedback-Runde wurde ich nach meinem Eindruck zum Team gefragt. Nachdem ich die produktive Atmosphäre und Diskussionskultur auf Augenhöhe gelobt hatte, sagte ich: ‚Aber zum Lachen geht ihr in den Keller? Ihr seid alle wichtige Finanzchefs mit enorm viel Verantwortung. Doch aus Erfahrung weiß ich, dass es vollkommen in Ordnung ist, sich dabei auch einmal kaputtzulachen. Man ist immer noch gleich wichtig und es macht richtig Spaß.' Daraufhin entstand eine drückende Stille – bis der CEO selbst lauthals loslachte. Er war erstaunt über meine Beobachtung, gab mir aber recht. Anschließend wurde die Atmosphäre in der Arbeitsgruppe lockerer, persönlicher und auch effektiver, denn mit Witz kann Kritik besser verdaut und die Kommunikation optimiert werden. Die Motivation für die wöchentlichen Treffen stieg, da die Stimmung freundlicher und positiver war."

Eva Wimmers
Als President HONOR Europe/VP HONOR Global ist Eva Wimmers bei Huawei verantwortlich für das Europageschäft der jungen Smartphone-Marke „HONOR". Davor war sie Chief Procurement Officer und Mitglied im Top 60-Business Leader Team bei der Deutschen Telekom AG.

Ein kurzer Blick auf die verschiedenen Führungsstile und deren Charakteristika offenbart schnell, warum in unterschiedlichen Situationen unterschiedliche Führungsstile von Nutzen sind (siehe die Abbildung auf S. 60). Daniel Goleman beschreibt in seinen Arbeiten beispielsweise sechs recht bekannte Formen, die uns im organisatorischen Alltag immer wieder begegnen.

Wenngleich zwischen einer *befehlenden* und einer *coachenden* Führung Welten liegen mögen, hat doch jeder einzelne Stil seine unbestrittene, situative Daseinsberechtigung. Die Passgenauigkeit ist einzig und allein davon abhängig, wie sich der spezifische Kontext gestaltet. Und Kontext meint dabei nicht die Hierarchie, sondern die aktuelle Situation, in der sich ein Team, eine Abteilung oder das gesamte Unternehmen gerade befindet. So ist in einer Krisensituation ggf. ein befehlender Führungsstil vonnöten, während in Situationen starker Veränderungen ein vorausschauendes Führen besonders effektiv sein kann.

Da sowohl die richtige Haltung als auch der situative Führungsstil unabhängig von der konkreten *Hierarchie* des Unternehmens Anwendung finden sollten, müssen Hierarchieebenen nicht zwangsläufig reduziert werden, um in Organisationen bessere Ergebnisse zu erzielen. Doch heißt dies im Umkehrschluss nicht, dass eine Reduktion der Hierarchiestufen nicht trotzdem sinnvoll sein kann.

Könnte es sogar zielführend sein, Hierarchien gänzlich aufzulösen und Unternehmen zukünftig nach einem sogenannten *heterarchischen* Modell auf- bzw. umzubauen? Also ein System von Elementen zu schaffen, die nicht in einem Über- und Unterordnungsverhältnis stehen, sondern mehr oder weniger gleichberechtigt nebeneinander. Ein System, in dem Selbststeuerung und Selbstbestimmung vorherrschen und dezentrale Entscheidungen die Regel sind, statt die Ausnahme.

Wendet man den Blick in die Natur, findet man tatsächlich sehr erfolgreiche heterarchische Systeme, so zum Beispiel bei den Ameisen. Diese leben üblicherweise in Kolonien und unter ihnen herrscht eine perfekte Arbeitsteilung. Eine sehr große Kolonie ist die Ameisen-Art Formica Yessensis, die an der Ishikari-Küste der japanischen Insel Hokkaido lebt. Diese Ameisen leben in 45.000 miteinander verbundenen Nestern auf einem Gebiet von 2,7 Quadratkilometern. Die Super-Kolonie beherbergt weit über eine Million Königinnen und 306 Millionen Arbeiterinnen.[8] Sie ist somit deutlich größer als jeder hierarchisch organisierte Militärverband. Allein vom Wortstamm her könnte man zwar meinen, mit „Königinnen" und „Arbeiterinnen" wäre auch hier eine klare Hierarchie vorhanden. Tatsächlich liegt das allerdings mehr an unserer Sprache und Interpretation, als am wirklichen Rollenverständnis der Insekten. Die Pflicht der Königinnen besteht ausschließlich in der Erhaltung der Art, nicht etwa in der Führung der Kolonie. Ameisen haben keinen Herrscher oder Chef. So gibt es auch keine auf einer Kommandostruktur basierende Aufbauorganisation unter den Tieren. Betrachten wir die Ameisen genauer, so wird ein äußerst interessantes Sozialverhalten erkennbar. Solidarität und

♥

Opferbereitschaft sind bei ihnen wie bei den SEALs in einem außergewöhnlichen Maße ausgeprägt. Ameisen benötigen keine Königin, die ihnen sagt, wo es langgeht, sondern lediglich spezielle Regeln und eine Kultur, die sie selbstständig befolgen.

Lohnt es sich mit Blick auf eine solche Ameisenkolonie also, auch in Unternehmen die hierarchischen Strukturen abzureißen oder zumindest deutlich zu verringern? Was würden die Mitarbeiter wohl dazu sagen? Ebendies untersuchte die Personalberatung Kienbaum in einer Studie mit 14.000 Mitarbeitern.[9] Gefragt wurde dabei nach der Attraktivität von „flachen Hierarchien". Dies waren in der Studie Strukturen, in denen Mitarbeiter keinen direkten Weisungsbefugten haben außer ihrer Geschäftsleitung. 80 % der Befragten gaben an, dass sie solche Strukturen durchaus bevorzugen und auch gerne eigenverantwortlich arbeiten. Nur die wenigsten wollten aber Hierarchien ganz abschaffen. Zwei Drittel *wünschten* sich sogar eine Führungskraft, die klare Anweisungen gibt – sie aber nicht bei der Umsetzung überwacht. Gut kommunizierte Aufgaben und Ziele, ja, aber dennoch frei sein.

Fassen wir zusammen: Wir reden von einer Haltung, insbesondere dem dienenden Führen, die heute immer wichtiger wird. Wir sprechen von Unternehmen und Systemen, die das Wechseln zwischen Leader und Follower nicht nur zulassen, sondern als Basis verstehen sollten. Aber selbstverständlich reden wir auch über Hierarchien. Denn auch, wenn für ein besonders kollaboratives Projekt oder ein innovatives Team dienendes Führen ohne Rücksicht auf

	Autoritär	Visionär	Affiliativ
Modus operandi der Führungskraft	Verlangt, eine Anweisung sofort zu befolgen	Spornt Leute an, eine Vision zu verwirklichen	Schaffung von Harmonie und emotionalen Bindungen
Führungsstil in einem Satz	„Tun Sie, was ich Ihnen sage."	„Begleiten Sie mich auf meinem Weg."	„Für mich zählen vor allem die Menschen"
Zugrunde liegende emotionale Intelligenzkompetenzen	Tatendrang, Tatkraft, Selbstkontrolle	Selbstvertrauen, Empathie, Katalysator bei Veränderungen	Empathie, Fähigkeit zum Aufbau von Beziehungen und zur Kommunikation
Wann der Führungsstil am besten funktioniert	In einer Krise, um den Turnaround anzustoßen oder bei Problemen mit schwierigen Mitarbeitern	Falls der Wandel eine neue Vision erfordert oder wenn eine klare Richtung gebraucht wird	Überwindung von Verstimmungen innerhalb eines Teams oder Motivieren von Menschen in belastenden Situationen
Gesamtauswirkung auf das Betriebsklima	negativ	am klarsten positiv	positiv

Sechs Führungsstile im Überblick[10]

Hierarchien vielleicht zum Erfolg führt, trifft dies nicht auf jedes Unternehmen und jede Unternehmenseinheit zu. Und so bewegen wir uns in Bezug auf die Führung in einem breiten Spektrum der Möglichkeiten, in welchem es nicht immer der erste Reflex ist, der am Ende das richtige Ergebnis liefert. Statt nach mehr oder weniger Hierarchie zu fragen oder den einen oder anderen Führungsstil zu fordern, gilt es vielmehr, zu hinterfragen, wo Unternehmen und Mitarbeiter stehen und wo sie hinwollen.

FÜHRUNG

HIERARCHISCH   HETERARCHISCH

Hierarchie-bestimmt	Hierarchisch orientiert	Situativ angepasst	Individuell auf Mitarbeiter bezogen	Gegenseitig ohne Hierarchiebezug
Starres System mit strikter Ordnung, die den Führungsstil vorgibt	Klare, aber durchlässige Hierarchie, an welcher sich der Führungsstil orientiert	Situativ angepasster, variabler Führungsstil unabhängig von der Hierarchie	Individuell auf die Mitarbeiter bezogener Führungsstil unabhängig von der Hierarchie	Ergebnisbezogene, gegenseitige Führung unabhängig von bzw. ohne Hierarchie
z.B. „oben sticht unten", patriarchische Führung, autoritärer Führungsstil	z.B. Duz-Kultur, offene Diskussionskultur, Zugänglichkeit	z.B. autoritärer in Krisenzeiten oder visionärer in Zeiten des Wandels	je nach Mitarbeiter z.B. eher demokratisch, autoritär, coachend etc.	z.B. agiles Arbeiten, verschiedene Rollen & Führungsverantwortung

Demokratisch	Leistungsbetont	Coachend
Schaffung von Konsens durch Mitbeteiligung	Setzen hoher Leistungsstandards	Bereitet Mitarbeiter für die Zukunft vor
„Was halten Sie davon?"	„Machen Sie es wie ich, und zwar jetzt."	„Versuchen Sie das doch einmal."
Zusammenarbeit, Teamführung, Kommunikation	Gewissenhaftigkeit, Erfolgsdrang, Tatkraft	Förderung anderer, Empathie, Selbstreflexion
Um Engagement oder Konsens zu erzeugen oder um Beiträge von wertvollen Mitarbeitern zu bekommen	Wenn von einem hochmotivierten und leistungsstarken Team schnelle Ergebnisse kommen sollen	Um einem Mitarbeiter zu helfen, seine Leistung zu steigern oder langfristige Stärken zu entwickeln
positiv	negativ	positiv

♥

Fußsoldaten in Militärverbänden benötigen vielleicht eine stärker hierarchiegebundene Führung. In einem Technologie-Start-up verspricht hingegen eine ergebnisbezogene, gegenseitige Führung mehr Erfolg. Und komplexe Großunternehmen lassen zwar oft flexible Führungsstile zu, bleiben aber grundsätzlich eng an ihrer Hierarchie orientiert, um Klarheit und Struktur zu geben. Um die richtige Wahl zwischen einem hierarchisch vorgegebenen Führungsstil und einer frei wählbaren Haltung in verschiedenen Rollen zu treffen, gilt es also, die richtigen Fragen zu stellen. Wie stark muss das Führungsverhalten vorgegeben werden? Welche Art von „Gefolgsleuten" möchte ich haben? Wie hierarchisch müssen wir sein? Der *Good Job* entsteht, wenn sich von vorschnellen Patentrezepten verabschiedet wird, und nicht nur an der Hierarchie, sondern vor allem auch an der richtigen Haltung gearbeitet wird.

IMPULSE

1. Kennen Sie eine Führungskraft mit dienendem Führungsstil? Wie nehmen Sie diese wahr? Wie wird diese von den Mitarbeitern wahrgenommen?

2. Würden Sie selbst, ähnlich wie einst George Washington, vom Pferd absteigen? Was ist mit den (anderen) Führungskräften im Unternehmen? Was muss passieren, damit ein solches Verhalten selbstverständlich wird?

3. Wo würden Sie sich in der Fellowership-Matrix einordnen: „Ja-Sager", „Blind folgendes Schaf", „Desillusionierter Mitläufer" oder „Effektiver Gefährte"? Wie können Sie dafür sorgen, dass möglichst viele Mitarbeiter in der letzten Kategorie landen?

4. Welche Führungsstile gibt es in Ihrem Unternehmen? Werden diese bewusst eingesetzt? Probieren Sie selbst einmal unterschiedliche Stile aus. Was ist der Effekt?

5. Wie offen wird die Führungskultur in Ihrem Unternehmen diskutiert? Initiieren Sie eine Teambesprechung, um Feedback zur Haltung zu sammeln!

STOPPUHR

statt

STECHUHR

♥

OLIVER BERGER

❯❯ *Mal ganz im Ernst, da gibt es noch so eine Sache, die sich, jetzt wo ich länger darüber nachdenke, einfach extrem absurd anfühlt. Und zwar die Zeit. Ich meine die Arbeitszeit. Konkreter – der Unterschied zwischen der Zeit meiner körperlichen Anwesenheit hier und der Zeit, die ich tatsächlich wirkungsvoll im Unternehmen zubringe.*

Sie müssen wissen, ich bin einfach kein 9-to-5-Typ. War ich nie und werde ich wohl auch nie sein. Ja sicher, man kann sich in solche Raster einfügen – machen ja scheinbar auch die meisten Arbeitnehmer – aber so richtig effizient ist das wohl nicht. Ich sage nur ‚natürlicher Rhythmus'. Aber lassen Sie mich das Ganze genauer erklären: Meine Erfahrung mit der Arbeitszeit spielt sich in drei Akten ab. Der erste Akt beginnt direkt nach der Uni und ist mehr oder weniger mein kurzer Prolog.

Da ich weiß, dass ich am frühen Morgen Zeit meines Studienlebens immer schon am produktivsten war, begann ich die ersten Monate in der Abteilung um 7:00 Uhr früh. Ich habe dann meist sehr konzentriert reingeklotzt – war ja niemand da – und kam mit ein paar kurzen Kaffeeunterbrechungen gegen 16:00 Uhr mit meinem Tagespensum durch. Alle To-dos waren vom Tisch, das E-Mail-Postfach soweit geordnet und abgearbeitet. Großartig fühlte sich das an. Nach ein paar Wochen erntete ich dann aber mehr und mehr komische Blicke. Und der Flurfunk unter den Kollegen trug mir zu, dass der Teamleiter das frühe Aufbrechen wohl nicht ganz so prickelnd fände. Meine Reaktion? Ehrlich gesagt war ich ziemlich verdutzt, denn die Arbeit war ja gut und getan. Aber auf der anderen Seite hatte ich irgendwo Verständnis, weil das Wort ‚Kernarbeitszeit' intensiv betont wurde und man gegen solche Argumente oder gegen eine Kultur ja nicht viel sagen kann. Dass so eine Kernarbeitszeit bei uns, insbesondere in meinem Job (ohne Kundenkontakt), nicht wirklich Sinn macht, ließ ich mal unausgesprochen. Als damals frischer Absolvent fängt man ja keine Grundsatzdiskussionen an. Natürlich dachte ich mir aber insgeheim schon: ‚Seltsam, immerhin bleibe ich ja auch bei einer Klausur in der Uni nicht noch bis zum Schluss sitzen, wenn ich die Lösungen schon bei der Hälfte der Zeit auf dem Papier habe. Und ich habe auch kein Extra-Semester drangehängt, nur weil ich sonst die Regelstudienzeit unterboten hätte.' Aber sei es drum – ich hatte die Regeln der Arbeitswelt akzeptiert.

Zu Beginn des zweiten Aktes passte ich meinen Rhythmus also entsprechend an. Und das sah dann so aus: Ich kam erst um 9:00 Uhr ins Gebäude, trank bis 10:30 Uhr mit den anderen Kollegen in verschiedenen Büros meinen Kaffee. So ist das hier nämlich Usus. Danach bin ich quasi Mittagessen gegangen und habe gefühlt erst ab 13:00 Uhr angefangen, wirklich etwas zu tun. Durch den späteren Beginn entfachte sich dann meist ein etwas größerer Stress, weil ich ja weiterhin Ambitionen hatte, abends noch etwas vom Tag zu haben. Dementsprechend habe ich die Schlagzahl erhöht und hochkonzentriert durchgebolzt, sodass ich regelmäßig ab 18:30 Uhr beim Sport sein konnte, womit ich auch ganz gut gelebt habe. Aber auch da kam dann irgendwann immer öfter ein subtiles ‚So früh schon nach Hause?', von den Kollegen, die eher keinen Bock auf Privatleben zu haben schienen. Wohlgemerkt beim Abgang um 18:00 Uhr. Und weil ich weiterhin als relativ Neuer nicht der totale Revolutionär sein wollte, habe ich mich wieder angepasst, womit wir zum dritten und finalen Akt kommen. Den etablierten Zustand nenne ich inzwischen ‚totale Assimilation'.

Wie lief das also ab? Die Anfangszeit habe ich beibehalten, denn an der hatte ja niemand was auszusetzen. 9:00 Uhr war einvernehmlich akzeptiert. Mein Arbeitsende habe ich aber auf 19:00 Uhr nach hinten gelegt. Alles nach dem Motto: Spät kommen, lange mithalten, als letzter noch am Schreibtisch sitzen. Und ab da lief es auch ziemlich gut, zumindest wenn man die Resonanz bedenkt. Dass ich die letzte Stunde insgeheim bei Ebay war interessierte niemanden. Anwesenheit hatte da ganz klar Vorrang vor dem Ergebnis.

Was ich inzwischen als echt belustigend und einfach nur absurd empfinde, ist der Umgang der Chefs mit der Situation. Ich habe abends regelmäßig, wenn mein Vorgesetzter beim Verlassen des Gebäudes an meinem Büro vorbei ging ein: ‚Ah Berger, noch da?! Sehr gut! Aber machen Sie nicht mehr so lange!' gehört. Das war paradox! Denn eigentlich hätte ich ja längst weg sein können und er ist ja an meiner Anwesenheit nicht ganz unschuldig. Hier geht es halt ausschließlich ums ‚Flagge zeigen'.

Mit der Zeit entwickelt sich sowas bei dem einen oder anderen sicherlich zu einem Problem. Bei mir zumindest war es so. Irgendwann bin ich dann als Erster gekommen, nämlich wieder um 7:30 Uhr, damit ich der Erste war, der beschäftigt wirken konnte, und bin abends als Letzter gegangen, nur um nicht den Anschein zu erwecken, zu wenig meiner Zeit zu investieren.

Mir wurde erstmals so richtig klar, dass hier irgendetwas mit mir und dem Unternehmen nicht richtig läuft, als ich mich erwischt hab, wie ich morgens um 7:30 Uhr ins Büro gehetzt bin, nur um schnell alle Lichter anzuschalten und den Schreibtisch etwas belebt aussehen zu lassen, um dann direkt danach bis 9:30 Uhr Kaffee zu trinken. Und das alles ohne Effekte auf das Arbeitspensum. Denn die Arbeit spare ich mir inzwischen mehr oder weniger auf, um hinten raus zum Nachmittag nicht wieder ewig bei Ebay abhängen zu müssen. Es ist absolut absurd! Und ganz im Ernst, ich bin weder komplett verrückt, noch geht es mir allein so. Viele hier handeln unbewusst vollkommen ineffizient, weil es die Organisation einfach so fordert und fördert.

Schnelles, effizientes Arbeiten ist anscheinend einfach nicht gefragt und in solch einem System kann man sogar sagen: Es lohnt sich für mich persönlich nicht. Dabei müsste es doch im Prinzip logisch sein, dass jedem Chef und jedem Unternehmen die Stoppuhr weit wichtiger ist als die Stechuhr.

♥

Mitte der 1920er-Jahre untersuchte der Vorstand einer Fabrik in Michigan die Produktivität seiner Mitarbeiter. Dabei stellte er fest, dass die Effizienz deutlich abnahm, wenn diese zu viele Stunden am Tag oder zu viele Tage in der Woche arbeiteten. Zur Steigerung der Produktivität führte er neue Arbeitszeitregelungen ein: einen Achtstundentag und eine Fünftagewoche. Sein späteres Resümee: „Wir wissen aus unserer Erfahrung vom Wechsel zum Achtstundentag und wieder zurück, dass wir in fünf Tagen mindestens genauso viel Produktivität erhalten wie in sechs Tagen". Das Unternehmen wurde eines der profitabelsten seiner Zeit und der Vorstand weltberühmt. Sein Name: Henry Ford.[1]

Seitdem hat sich auf den ersten Blick nicht viel geändert. Regelmäßig streiten Gewerkschaften und Arbeitgeber über die Arbeitszeiten in neuen Tarifverträgen und der Achtstundentag ist weiterhin gesetzlicher und gesellschaftlicher Standard. Die andauernde Diskussion ist dabei auf den ersten Blick verständlich. Je nach Unternehmen und Branche ist die Arbeitszeit entweder zu lang und starr, sodass die Mitarbeiter sich langweilen, oder nicht ausreichend, sodass die Mitarbeiter sich in unbezahlten Überstunden überarbeiten.

Zunächst zu den (zu) langen und starren Arbeitszeiten. Eine Umfrage des Marktforschungsinstituts Nielsen deckte auf, dass 65 % der Arbeitnehmer während ihrer Arbeitszeit Websites besuchen, die nichts mit der Arbeit zu tun haben. Dazu zählen bei 25 % der Mitarbeiter übrigens auch Porno-Videos. Der mit am häufigsten genannten Grund für solche unproduktive Zeitverschwendung bei der Arbeit ist laut einer Umfrage von salary.com „zu lange Arbeitszeiten".[2] Statt zu arbeiten, sitzen die Mitarbeiter also nur noch ihre Zeit ab – und zwar mit teils fragwürdigen Aktivitäten. Sicherlich kein wünschenswerter Zustand, besonders wenn man bedenkt, wo Menschen sonst noch ihre Zeit absitzen: im Gefängnis.

Doch es gibt eben auch die andere Seite. Über die Hälfte der Arbeitnehmer in Deutschland machen Überstunden![3] Insbesondere Führungskräfte und Wissensarbeiter in Beratungen, Banken, Kanzleien und Agenturen arbeiten oftmals regelmäßig über 60 Stunden pro Woche. Und in anderen Kulturen wie Japan und Südkorea ist das lange Arbeiten sogar tief in der Gesellschaft verankert.[4]

Nun könnte man meinen, dass dies zwar für Mitarbeiter, nicht aber für Unternehmen ein Problem wäre. Dies ist jedoch ein Trugschluss, wie der Managementprofessor Morten Hansen in seinem Buch „Great at Work" eindrucksvoll belegt. Seine Untersuchung von 5000 Berufstätigen über fünf Jahre zeigt, dass bei einer Wochenarbeitszeit über 65 Stunden die Leistung rückläufig ist, und mit 70 Stunden pro Woche sogar tendenziell weniger erreicht wird als mit einer Fünfzigstundenwoche.[5] Gleiches stellte auch das Finanzministerium von Südkorea fest. Nach dessen Berechnungen sorgt 1 % Verringerung der Arbeitszeit für 0,79 % *höhere* Produktivität, da Kreativität und Innovationskraft der Unternehmen steigen.[6] Moderate Arbeitszeitverkürzungen senken die Produktivität also im Normalfall nicht. Im Gegenteil: Die Produktivität kann durch eine Verringerung der Arbeitszeit sogar gesteigert werden.

Wacom: Leistung braucht Freiräume

„In einem Großraumbüro in Japan fiel mir auf, wie die Kollegen dort beim Betreten und Verlassen des Büros ihren Finger auf einen Sensor legten. Offensichtlich war das eine Art biometrische und damit nahezu betrugssichere Stechuhr – Arbeitskontrolle in japanischer Perfektion! Das Ziel dahinter war, zu meiner Überraschung, allerdings ein ganz anderes, nämlich die Mitarbeiter vor zu langen Arbeitszeiten zu schützen. Diese Anekdote hat mich zum Nachdenken darüber angeregt, was für eine Arbeits- und Führungskultur wir bei Wacom wirklich haben wollen. Welchen Stellenwert hat eigentlich Arbeit und Arbeitszeit im Verhältnis zu Leben und der Lebenszeit?

Ob Mehr- oder Minderarbeit, für mich ist klar, dass eine derartige quantitative Messung nicht (mehr) einer werteorientierten und zeitgemäßen Arbeitskultur entspricht. Leistungsoptimierung sollte keiner Zeitsteuerung und Kontrolle bedürfen. Maximale und nachhaltige Leistung ist stattdessen nur möglich, wenn der Freiraum gegeben wird, um ein Gleichgewicht von Arbeitszeit und ‚Frei‘zeit zu ermöglichen.

In meiner täglichen Praxis etabliere ich das, indem ich den Erfolg und die Leistung meiner Mitarbeiter letztlich am Ergebnis bewerte. Dazu bedarf es klarer gemeinsamer Zielsetzungen und eines gemeinsamen Arbeitens im Team. Aber ich lege auch sehr großen Wert darauf, sie darüber hinaus in ihrem persönlichen Lebenslauf zu begleiten und zu unterstützen. Wenn die Leistung nicht stimmt, frage ich mich, ob wir dem Mitarbeiter wirklich ermöglicht haben, seine Stärken auszuspielen? Häufig schlummern Potenziale in den Feldern, die nicht unbedingt zur Kernaufgabe eines Mitarbeiters gehören.

Diese Hilfe zur Selbstentwicklung ist für eine ergebnisorientierte Steuerung sehr wichtig, damit jeder seine Potenziale ausschöpfen kann. Dies ist neben weiteren relevanten Führungs- und Arbeitsweisen ein signifikanter Erfolgsfaktor für Unternehmen. Denn maximaler Erfolg ist nachhaltig nicht möglich, ohne ein Arbeitsumfeld der Motivation und Zufriedenheit zu bieten. Das hat mit Kickertischen genauso viel zu tun wie Arbeitszeiterfassung mit individueller Leistungsoptimierung.“

Stefan Kirmse
ist Senior Vice President Corporate Brand & Communication für das weltweite Geschäft des japanischen Elektronikherstellers Wacom. Zwischen Tokio und Düsseldorf beobachtet er verschiedene Arbeits- und Führungskulturen.

♥

Sollten Unternehmen in der Konsequenz nun also verstärkt über eine Reduktion der Arbeitszeit nachdenken? Ja und nein. Tatsächlich zeigen diverse Beispiele aus der Unternehmenspraxis, dass durch die Reduktion der Arbeitszeit (bei vollem Lohnausgleich) die Produktivität der Mitarbeiter gesteigert werden kann.[7] Doch stellt sich gleichzeitig die Frage, ob sich die Arbeitszeit überhaupt als geeignete Steuerungsgröße eignet. Schließlich wird Arbeit dank neuer Kommunikationstechnologien, zunehmender Globalisierung und der Automatisierung von Routinejobs zeitlich und örtlich immer flexibler – und kann somit kaum noch von der Stechuhr erfasst werden. *„Wann und wie lange genau die Deutschen tatsächlich arbeiten, wissen heute auch die Statistiker und Wissenschaftler nicht wirklich.",* bemerkt auch Alexander Spermann, Direktor für Arbeitsmarktpolitik beim Forschungsinstitut zur Zukunft der Arbeit (IZA) in der Welt Online.[8] Per Arbeitszeit festzulegen und zu kontrollieren, dass die Arbeit erledigt wird, funktioniert heute also oftmals gar nicht mehr.

Ist es dann nicht absurd, dass wir immer noch darüber diskutieren, wie lange wir arbeiten, statt woran? Dass wir immer mehr arbeiten, aber immer weniger erreichen? Wenn die kontrollierte Arbeitszeit gar nicht mehr der Realität entspricht und sogar dazu führen kann, dass Zufriedenheit und Produktivität der Mitarbeiter sinken, ist sie vielleicht schlichtweg nicht mehr die richtige Messgröße. Dies bemerkt auch MIT-Professor Robert Pozen mit den Worten: *„Arbeitszeit ist eine einfache Messgröße, welche die Illusion hat, exakt zu sein, es aber nicht ist. Die Kern-Messgröße ist, was erreicht wird, nicht wie viele Stunden es gedauert hat".[9]* Wenn also zum Beispiel ein neuer Algorithmus programmiert, eine neue Produktidee gefunden oder ein neuer Prozess definiert werden soll, ist die Arbeitszeit eine nichtssagende Messgröße. Es kommt einzig darauf an, dass ebendieser Algorithmus bzw. die gewünschte Produktidee oder der Prozess gefunden und erfolgreich umgesetzt werden. Es widerspricht vermutlich sogar unserer Natur, diese Formen der Arbeit nach der Stechuhr zu verrichten. Ein Löwe geht ja auch nicht von 9:00 bis 18:00 Uhr auf die Jagd, sondern das Rudel jagt dann, wenn es nötig ist. Dies kann mal länger dauern und mal schneller gehen. Und wenn die Löwen dann satt sind, ruhen sie sich aus, statt noch mehr zu jagen, nur, weil die „Arbeitszeit" noch nicht um ist.

Be in touch: Sich die Zeit nehmen, Zeit zu gestalten

„Die Rechnung ist simpel: Der Tag hat 24 Stunden. Das ist nicht verhandelbar. Umso wichtiger ist deshalb die Frage, wie wir mit unserer Zeit umgehen.

Der aktuelle Hype um Agilität spiegelt letztlich das Bedürfnis nach einer wirksamen Nutzung von Zeit wider. Es geht vor allem darum, ineffektive, zeitfressende Muster durch effiziente und wirksame Formen der Zusammenarbeit zu ersetzen.

Fest steht: Wir haben gehörigen Einfluss darauf, wie wir Zeit gestalten. Ich erlebe in meiner Arbeit mit Kunden, dass gerade kürzer getaktete Prozessschritte viel bessere Ergebnisse liefern – vor allem in Entwicklungs- und Innovationsprozessen. Ein Beispiel dazu: In einem Meeting sollen Ideen für die Lösung eines Problems generiert werden. Im ersten Fall tauchen die Teilnehmer in eine unstrukturierte Diskussion mit den immer gleichen Rednern ein, um später ohne Ergebnis wieder aufzutauchen. Im zweiten Fall folgt ein Team einem zeitlich getakteten Prozess, in dem jeder zu Wort kommt, Perspektivenvielfalt entsteht und jedem bewusst ist, dass weniger mehr ist. Kurze, wirkungsvolle Wortbeiträge ersetzen lange Erklärstücke. Man geht aufeinander ein, statt in der Berichtsflut unterzugehen. Dadurch entstehen wichtige Impulse auf dem Weg zur besten Lösung.

Und genau das erlebe ich in Unternehmen, die Agilität nicht nur als Wunsch vor sich hertragen, sondern von der Spitze, über die Produktion bis zum Vertrieb tatsächlich entwickeln. Das tut nicht nur den Produkten und Lösungen gut, sondern auch den Menschen, die an ihrer Entstehung beteiligt sind. Sie fühlen sich wirksam und wertgeschätzt. Daran sollte jeder denken, der sich an die Gestaltung seiner nächsten 24 Stunden macht."

Andraes Seitz
Als Geschäftsführer der Be in touch GmbH und Autor von „Agilität von morgen – Führen in der Zukunft" berät Andraes Seitz Unternehmen und Non-Profit Organisationen bei ihrer Transformation.

Aber Moment: Wenn es doch eigentlich gar nicht um die Arbeitszeit, sondern um die Ergebnisse geht, warum soll ich dann überhaupt noch vorgeben, wie lange gearbeitet wird? In denjenigen Fällen, wo eine physische Anwesenheit notwendig ist, wie bei Ärzten im Krankenhaus oder Hotelangestellten an der Rezeption, ist es zumindest aktuell noch nicht anders möglich. Doch vielfach kann die Ergebnisorientierung (und damit die Produktivität) auch heute schon durch flexiblere Modelle proaktiv gefördert werden.

So setzen viele Unternehmen beispielsweise auf Vertrauensarbeitszeit. Hier bezieht sich das Vertrauen darauf, dass eine Regelarbeitszeit grundsätzlich eingehalten wird, jedoch weniger oder mehr Arbeitsstunden nicht gesondert erfasst werden. Dies soll den Mitarbeitern mehr Freiheiten geben, um sich ihre Zeit flexibel einzuteilen. Ein Blick in die Praxis zeigt, dass dies zwar gelingen kann, oft aber nur dafür sorgt, dass Überstunden nicht mehr vergütet werden.[10]

♥

Dennoch kann Vertrauensarbeitszeit funktionieren, wenn diese mitsamt einer vertrauensvollen Führungskultur und realistischen Ergebniszielen umgesetzt wird. So zum Beispiel bei Bosch: „Wir wollten weg von der Präsenz- und hin zur Ergebniskultur.", sagt Bosch-Sprecher Michael Kattau. Damit das nötige Vertrauen in ein solches Modell etabliert wird, ließ das Unternehmen die Führungskräfte an der neuen Flexibilität zunächst selbst teilhaben, und sendete über 1.000 Führungskräfte weltweit ins Homeoffice. Sie sollten selbst erleben, wie viel effektiver dort ohne Stechuhr und Anwesenheitspflicht gearbeitet werden kann. Mit Erfolg, denn 80 % der Manager, die bei diesem Experiment dabei waren, arbeiten auch heute noch flexibel von zu Hause aus.[11]

Auch Cisco Deutschland, Trumpf und viele andere zeigen mit ähnlichen Modellen, dass Ergebnissteuerung nicht nur bei kleinen Start-ups und Agenturen, sondern auch bei großen Unternehmen gelingen kann. In der Schweiz haben sich mittlerweile über 60 Unternehmen in der „Work Smart Initiative" zusammengeschlossen, um die Abkehr von festen Arbeitszeiten und -orten zu etablieren.[12]

Handelsblatt: Agenda der Freiheit

„Die Schwierigkeit besteht nicht unbedingt in der verfügbaren Zeit, sondern in der Uhrzeit, wann man was erbringen muss. Daher kann ich die verschiedenen Rollen nur mit möglichst großer zeitlicher und räumlicher Flexibilität bestmöglich erfüllen – also mit einer Mischung aus Heim- und Redaktionsarbeit. Vor fast 13 Jahren war ich noch Pionierin. Mein überzeugendes Argument gegenüber meinen damaligen Vorgesetzten war, dass ich mehr arbeiten kann, wenn ich weniger fahren muss.

Heute gehe ich häufiger nicht mehr persönlich in Konferenzen, sondern schalte mich zu. Das funktioniert gut, nur den Flurfunk verpasse ich schon mal. Es ist wichtig, jede Woche auch Arbeitszeit im Unternehmen einzuplanen. Bei uns gibt es auch Aufgaben, für die man vor Ort sein muss und egal, ob daheim oder in der Redaktion, Zeiten, in denen jede (Arbeits-)Minute kostbar ist.

Inzwischen setzt sich die flexible Arbeitsweise in vielen Bereichen durch. Vor drei Jahren wurde beim Handelsblatt dazu die Agenda der Freiheit ausgerufen. Jeder sollte dort arbeiten, wo er es am besten kann. Vor allem geht es dabei um Nähe zum Subjekt der Berichterstattung, aber auch Heimarbeit gehört dazu.

Das größte Problem ist jedoch, dass einem heute niemand mehr sagen kann, was ein angemessener Arbeitseinsatz ist, zum Beispiel für eine Teamleiterin. Gehört es nicht zum Job, wenn ich abends und am Wochenende regelmäßig erreichbar bin und E-Mails beantworte?

Wie viele Überstunden sind zu viel? Kann ich selbstorganisiert für Ausgleich sorgen? Einfache Antworten darauf gibt es nicht.

In unserer Branche korrelieren Einsatz und Output nicht immer, das macht es schwierig, nur in Ergebnissen zu denken. Man neigt im Homeoffice dazu, noch besser erreichbar zu sein als in der Redaktion. Zeit zum Nachdenken nimmt man sich oft nicht. Als Teamleiterin gehört auch planen, managen und coachen dazu.

Mir scheint es aber über unsere Branche hinaus so, dass die Arbeitswelt in weiten Teilen noch eine Männerwelt ('Alleinverdienerwelt') geblieben ist. Wenn sich daran etwas ändern soll, braucht es mehr Vielfalt in Strukturen sowie Führungsaufgaben, die in Teilzeit erbracht werden können. Dafür muss man ganz neu denken. Das ist aufwendig, weil man Etabliertes infrage stellen muss. Noch sind wir nicht so weit."

Anja Müller
Seit über 20 Jahren ist Anja Müller Redakteurin beim Handelsblatt und seit drei Jahren als Teamleiterin zuständig für die Berichterstattung über Familienunternehmen, Mittelstand und Start-ups. Als zweifache Mutter hat sie im Laufe ihrer Karriere viel zu flexibler Balance zwischen Familienleben und Arbeit experimentiert.

Eine besondere konsequente Form der ergebnisorientierten Steuerung findet sich in Form des sogenannten „Results-Only Work Environment" (ROWE), das 2003 von Jody Thompson und Cali Ressler in den USA entwickelt wurde. Zu deutsch auch als Arbeitszeitfreiheit bezeichnet, ist bei diesem Modell der Name Programm. Nach dem Motto „Arbeite wann du willst und wo du willst, solange die Arbeit erledigt wird" werden keine festen Arbeitszeiten oder Arbeitsplätze festgeschrieben.[13] Maßstab ist *allein* die Erreichung der Ziele, welche gemeinsam von Arbeitgeber und -nehmer vereinbart werden.[14]

Aber wie lässt sich dies in die Praxis umsetzen? Denn Chaos scheint vorprogrammiert, wenn jeder nur noch dann arbeitet, wann er will und dort, wo er will. Dennoch experimentieren diverse Unternehmen mit diesem radikalen Ansatz und sammeln dabei wertvolle Erkenntnisse. Die Erfinderinnen von ROWE haben den Ansatz ursprünglich bei der Elektronikmarktkette Best Buy in den USA entwickelt und eingeführt, inzwischen jedoch erfolgreich an über 40 weitere Unternehmen, wie den Bekleidungshersteller GAP, vermittelt. Doch ausgerechnet bei Best Buy wurde das Konzept nach zehn Jahren vom neuen Vorstandschef Hubert Joly wiedereingestellt – mit dem Hinweis, dass es

♥

für eine Krisensituation (welche anscheinend dadurch auch nicht verhindert werden konnte) nicht geeignet sei, da in diesem Fall ein direkterer Führungsstil benötigt werde.[15]

Doch unabhängig von solchen Einzelfällen liegen die Vorteile des Modells auf der Hand. Die höhere Autonomie ermöglicht eine bessere Work-Life-Flexibilität, eine bestmögliche Arbeitseinteilung, sowie im besten Fall auch eine erhöhte intrinsische Motivation. Zudem werden Leerlaufzeiten eliminiert, denn ein „während der Arbeitszeit" gibt es nicht mehr.

Doch um es in den Worten von Spiderman zu formulieren: *„Mit großer Macht kommt große Verantwortung."* Der Zugewinn an Freiheit kann je nach Veranlagung leicht zu Selbstausbeutung führen – oder aber zu Faulheit. Auch kann Austausch und Zusammenhalt in der Belegschaft geschwächt werden, wenn keine gezielten Maßnahmen dagegen ergriffen werden. Alles in allem also keine leichte Aufgabe für Management und Mitarbeiter.

Nun kann sich jeder seine eigene Meinung über Sinn und Unsinn solcher Modelle bilden, Tatsache ist: Langfristig ist aufgrund der Art der Arbeit sicherlich eine Verschiebung zur selbstbestimmten, ergebnisorientierten Steuerung zu beobachten. In der neuen Arbeitswelt wird es immer weniger relevant sein, *wie lange* gearbeitet wird. Wichtiger wird es sein, *was* man schafft, egal wie und wann (und wo). Es wird verstärkt darum gehen, möglichst effizient und „smart" zu arbeiten, statt seine Zeit zu füllen, oder durch lange Anwesenheit zu glänzen. Dies lässt sich auch gut mit einem Zitat des Management-Vordenker Peter Drucker zusammenfassen, der bemerkt:

> „Wissensarbeiter müssen effektiv ihre eigenen CEOs sein.
> Es kommt auf sie an, ihren Platz zu gestalten, zu wissen,
> wann ein Kurswechsel ansteht, und während eines
> Arbeitslebens engagiert und produktiv zu bleiben."
> – *Peter Drucker*

Dazu müssen sich jedoch auch die Spielregeln der Steuerung verändern. Und dies betrifft nicht nur die einzelnen *Mitarbeiter*, sondern auch deren *Zusammenarbeit im Team* sowie die *Beziehung zwischen Mitarbeitern und Führungskräften*.

Wenn Ergebnis statt Zeit zur relevanten Messgröße wird, werden *Mitarbeiter* sich stärker selbst steuern müssen, statt nach Vorgaben „von oben" zu agieren. Sie werden lernen müssen, ihre verfügbare und benötigte Zeit realistisch abzuschätzen, einzuteilen und zu nutzen. Etwas, das den meisten Menschen aus ihrem Privatleben heraus bereits bestens vertraut ist. Hier agiert der Mensch schließlich auch selbstständig und kann Bildung erlangen, eine Familie gründen, Finanzentscheidungen treffen, Kinder großziehen. Kurz: Leben, ohne, dass ihm jemand die ganze Zeit sagt, wann er was tun soll.[16] Bringen die

Mitarbeiter also bereits alle Voraussetzungen mit, um durch stärkeres Selbstmanagement zukünftig produktiver und erfolgreicher zu sein?

Nicht unbedingt. Denn einer der wichtigsten Faktoren für persönlichen Erfolg und Zielerreichung ist „happiness" (zu deutsch: Glück bzw. Freude). Dies erklärt Shawn Achor in seinem Buch „The Happiness Advantage". Das Gehirn arbeitet deutlich besser, wenn es in einem positiven Status ist. Laut Achor hängen 75 % des beruflichen Erfolgs davon ab, welche Einstellung man hat, wie mit Stress umgegangen wird und wie man sich mit anderen Menschen verbindet – und nur 25 % von der Intelligenz! Wer sich also in einen Glücksstatus versetzen kann, wird auch eher seine gewünschten Ergebnisse erzielen. Der klassische American Way of Life, bei dem das Glück folgt, sobald Haus, Familie, Boot und Auto da sind, funktioniert also tatsächlich genau andersrum: Je besser ich es schaffe, positiv zu sein, umso eher erreiche ich meine persönlichen und beruflichen Ziele. Das Gute ist, dies hängt nicht davon ab, als Optimist oder Pessimist geboren zu werden, sondern lässt sich trainieren. So fand Achor heraus, dass bereits einfache, regelmäßige Übungen wie täglich drei Dinge aufzuschreiben, für die man dankbar ist, das Optimismus-Level signifikant steigern können.[17]

Glück trainieren und Stress positiv nutzen sind entsprechend wichtige Grundfaktoren im Selbstmanagement. In der Praxis gelingt es dennoch oft nicht, wirklich produktiv zu sein. Denn die Produktivität hängt auch noch von etwas ab, was in unserer Zeit immer mehr zur Mangelware wird: Fokus! Wie oft wurden Sie zum Beispiel unterbrochen oder haben sich selbst abgelenkt, während sie dieses Kapitel gelesen haben? Fakt ist, viele von uns haben die Fähigkeit verlernt, über längere Zeit fokussiert und konzentriert zu sein. Nach einer Studie von Microsoft liegt die Aufmerksamkeitsspanne des Menschen inzwischen bei nur noch acht Sekunden. Damit ist unsere Aufmerksamkeitsspanne sogar eine Sekunde geringer als die eines Goldfischs.[18]

Doch im Gegensatz zu diesem haben wir zumindest eine deutlich höhere *Kapazität* zu fokussieren. Um diese zu nutzen und ergebniseffizient zu arbeiten, sollten vor allem Ablenkungen und Multitasking vermieden werden. Aber Moment – kann ich nicht mit Multitasking mehr Dinge gleichzeitig schaffen und bin dadurch produktiver? Dies ist leider ein Irrglaube, der für viel Produktivitätsverlust sorgt. Denn das Gehirn ist aus neurobiologischer Sicht gar nicht dafür ausgelegt, mehrere Dinge bewusst gleichzeitig auszuführen. Jede Ablenkung, die unsere Aufmerksamkeit erfordert, führt im Gehirn zu einem sogenannten „Task-Switching", indem es sich auf die neue Aktivität einstellt. Auch wenn dies immer nur Sekundenbruchteile dauert, kann die Produktivität laut der American Psychological Association dadurch um bis zu 40 % sinken.[19] Und Ablenkungen gibt es in der neuen Arbeitswelt genug. Telefongespräche, Ad-hoc-Meetings, E-Mail-Signale, Messenger-Nachrichten, Smartphones, Fragen von Kollegen etc. führen dazu, dass wir heute im

Durchschnitt nur noch elf Minuten am Stück arbeiten können, bevor wir wieder unterbrochen werden. Entsprechend können in der Regel nur 60 % der Arbeitszeit überhaupt produktiv genutzt werden.[20]

Konzentrationsfähigkeit lässt sich glücklicherweise trainieren und Ablenkungen können bewusst vermieden werden. So reicht es bereits aus, täglich zehn Minuten zu Meditieren oder Yoga zu praktizieren, um den Konzentrationsmuskel zu trainieren – oder alternativ fokussiert ein Buch zu lesen oder ein Spiel zu spielen. Wenn dann noch bewusste, störungsfreie Zeiten eingerichtet werden können, steht der fokussierten Arbeit nichts mehr im Wege.[21]

Zumindest gilt dies für das fokussierte Arbeiten des *einzelnen* Mitarbeiters. Doch Mitarbeiter in Unternehmen arbeiten nur selten allein. Im Gegenteil: Es ist zu erwarten, dass Teamwork und Kollaboration in Zukunft immer wichtiger werden. Und nicht nur von der Arbeit, schon aus der Schule oder dem Studium wissen wir, wie schwierig es sein kann, im *Team* effektiv zusammen zu arbeiten. Normalerweise sieht es ungefähr so aus: Einer macht zu viel, die Hälfte nichts, einer etwas Falsches und ein Weiterer ist nie gekommen. Wie kann es also gelingen, dass auch Teams sich effektiv selbst managen?

Google hat im Rahmen seines „Aristotle Project" untersucht, was die wichtigsten Faktoren erfolgreicher Teams sind. Das Resultat zeigt: Es liegt nicht vordergründig an individuellen Fähigkeiten, den richtigen Prozessen oder Managementtechniken, sondern vielmehr an weichen Faktoren wie Verlässlichkeit, Struktur und Klarheit, persönlichem Sinn und dem Gefühl, mit der eigenen Arbeit etwas zu bewirken. Wichtigster Faktor ist laut der Untersuchung die sogenannte psychologische Sicherheit. Diese beschreibt den Umstand, dass Teammitglieder sich gut kennen und akzeptieren und somit ohne Risiko, Scham oder Angst offen miteinander sprechen können. Egal ob es um eine Herausforderung bei der Arbeit, eine neue verrückte Idee oder ein persönliches Problem geht.[22]

Wie können diese Faktoren im Team gestärkt werden? Indem auf diese überhaupt erstmal ein Fokus gelegt wird. So kann, neben Teambuilding-Events und gemeinsamen Aktivitäten, auch sogenannte „strukturierte unstrukturierte Zeit" dabei helfen. Dies ist Zeit, die zum Beispiel zu Beginn von Team-Meetings extra geblockt wird, um über persönliche Themen zu sprechen. Damit erhalten Teammitglieder ein ganzheitlicheres Bild der Kollegen, und jeder kann sich voll einbringen. Eine wichtige Voraussetzung für Team, die sich erfolgreich selbst managen – insbesondere für global verteilte Teams, die sich sonst nie ungeplant über den Weg laufen, um private Unterhaltungen zu führen.[23]

Spannend ist in diesem Zusammenhang auch das Konzept des „WeQ". Dieser beschreibt die kollaborative Intelligenz eines Teams anhand von gutem Verhalten, dem Einbringen der ganzen Persönlichkeit, Effektivität, Effizienz und

Teamkultur. Durch eine regelmäßige Evaluierung des WeQ kann systematisch und nachhaltig an der Optimierung des eigenen Teams gearbeitet werden.[24]

Falls Mitarbeiter und Teams sich auf diese Weise tatsächlich selbst steuern, werden sich die aktuellen *Führungskräfte* verständlicherweise fragen, ob sie überhaupt noch gebraucht werden. Das vielfach praktizierte Motto „Vertrauen ist gut, Kontrolle ist besser" ist plötzlich obsolet. Und das ist gut so, denn nur bei 2 % der Arbeitnehmer führt Kontrolle dazu, dass sie schneller Arbeiten. Und am zufriedensten (und damit auch am produktivsten) sind Mitarbeiter, wenn sie gar nicht kontrolliert werden. Dies gilt auch, und insbesondere, für die Arbeitszeit.[25]

Klar ist, dass Führungskräfte auch in Zukunft eine wichtige Funktion in Unternehmen haben werden. Ihre Rolle wird sich jedoch verändern müssen, da für eine ergebnisorientierte Steuerung ein eher coachendes Führungsverständnis erforderlich ist.[26] Gerade zu Beginn wird dies von allen Beteiligten Offenheit zum Experimentieren sowie die Bereitschaft zum gemeinsamen Lernen erfordern. Mitarbeiter und Führungskraft werden zum Beispiel lernen müssen, gemeinsam möglichst klare Aufgaben und Ergebnisse zu definieren, Deadlines abzuschätzen, und regelmäßig zu reflektieren, wie Arbeitsstand und Auslastung sind. Wobei Auslastung eben nicht auf die Arbeitszeit bezogen wird, sondern auf die geistige Kapazität des Mitarbeiters, weitere Aufgaben zu erledigen. Statt also beispielsweise im Vertrieb täglich zu kontrollieren, wie lange meine Mitarbeiter gearbeitet haben, wie viele Telefonate sie geführt und wie viele Kunden sie besucht haben, sollte ich stattdessen gemeinsam passende Ziele festlegen, die erreichbar, aber herausfordernd sind – und anschließend den Mitarbeitern selbst überlassen, wie sie die gesteckten Ziele erreichen. Unterstützung ist nur dann erforderlich, wenn Mitarbeiter aktiv danach fragen. Durch den Wegfall des zeitintensiven Mikromanagements haben Führungskräfte für ebendiese punktuelle Unterstützung nun auch die nötige Zeit. Schritt für Schritt erreichen die Mitarbeiter so ein besseres Selbstmanagement und somit eine ergebnisorientierte, effiziente Arbeitsweise – unterstützt von ihrer Führungskraft.

Metro: Vom Lösungsgeber und Entscheidungsträger zum Coach und Repräsentant

„Ein internationaler Konzern wie die Metro AG bewegt sich in Bezug auf Geographie, Geschlecht, Generation auf allen Dimensionen – wir befinden uns in einem Spannungsfeld der Kulturen. Die grundsätzliche Anforderung an Führungskräfte, diese Diversität zu berücksichtigen, versuchen wir durch gesteigerte Kommunikation, ‚Leading by Example', flexible Prozesse sowie methodische Unterstützung und Coachings zu erfüllen.

♥

,Leading by Example' bedeutet unter anderem, Risiken einzugehen und sich auf Augenhöhe zu begeben. Ich sitze daher im Großraum, fahre einen Mittelklassewagen, habe keinen reservierten Parkplatz, biete jedem das Du an und zeige auch, dass es in Ordnung ist, nicht immer gleich auf alles eine Antwort zu haben.

Darüber hinaus muss es aber auch Maßnahmen geben, die übergreifend eine neue Kultur fördern. Hier haben wir bereits konkrete Ansätze implementiert, beispielsweise ein ,Employee Engagement Tool', dass eine umfangreichere Feedback-Kultur unterstützt. Mit den zwei- bis vierwöchigen Feedbacks liegen wir in einer sehr viel höheren Frequenz als zuvor. Mit dem Feedback gehen wir sehr transparent um. So hat sich beispielsweise gezeigt, dass Gehalt ein großes Thema ist. In der Folge wurde ein transparentes Benchmark mit externen Unternehmen entwickelt. Es zeigt uns, wie kompetitiv unsere Gehälter im Vergleich zu externen Wettbewerben und anderen Branchen sind. Gehälter mit starker Abweichung nach unten wurden daraufhin erhöht.

Unsere IT-Strategie wird durch 160 Volunteers in 16 Teams erarbeitet. Methodenunterstützung und ein Framework sowie einige wenige Punkte, die mir wichtig waren, wurden den Mitarbeitern von Anfang an die Hand gegeben. In diesem Prozess konnten wir beobachten, dass die Freiwilligen besonders motivierte Mitarbeiter sind. Sie identifizieren sich stark mit den Themen, gehen auch einmal die Extrameile und inspirieren weitere Mitarbeiter, Veränderungen aktiv mitzugestalten. Dieser Antrieb entsteht aus meiner Sicht durch die Möglichkeit, Teil einer Bewegung zu werden.

Dies kann uns zukünftig zu selbstorganisierten Teams führen, die ohne große Management-Unterstützung großartige Produkte entwickeln und betreiben. Damit wird sich auch meine Rolle vom Lösungsgeber und Entscheidungsträger in Richtung interner Coach und externer Repräsentant verändern."

Timo Salzsieder
Aufgabe von Timo Salzsieder als CIO bei der METRO AG ist, die digitale Transformation im Unternehmen voranzutreiben.

Mitarbeiter, die sich selbst managen. Teams, die durch eine hohe psychologische Sicherheit geprägt sind. Und Führungskräfte, die nach Ergebnis statt nach Zeit führen. Kann all dies im Rahmen einer klassischen, hierarchische Organisation überhaupt noch funktionieren?

Die Antwort ist ein klares „Jein". Eine stärker ergebnisorientierte Steuerung sollte im Idealfall unabhängig von der Aufbauorganisation möglich sein. Dennoch kann es für eine konsequente Ergebnisorientierung sinnvoll sein, auch eine Veränderung der gesamten Organisation vorzunehmen. Denn für effektives Selbstmanagement ist es wichtig, Entscheidungen schnell und alleine treffen zu können, dazu direkten Zugriff auf verschiedene Personen zu bekommen und somit jederzeit handlungsfähig zu sein. Kurz: Herr Müller in der Führungsebene 7 soll sich nicht auf den Schlips getreten fühlen, weil ein Mitarbeiter Herrn Schulz aus Führungsebene 6 direkt um etwas gebeten hat. Entweder ist dies also trotz der Hierarchien möglich oder Führungsebenen 6 und 7 gibt es nicht mehr. In letzterem Fall haben Herr Müller und Herr Schulz dann definierte Rollen, zu denen sie angesprochen werden können, wenn es nötig ist, und in denen sie wiederum so frei wie möglich entscheiden können.

Um eine solche flexiblere Organisation umzusetzen, gibt es bereits diverse Ansätze neuer Organisationsmodelle, wie Holacracy, Lean Startup oder Teal Organizations, die in der nachfolgenden Tabelle kurz dargestellt sind und in den Werken der dort genannten Autoren im Detail beschrieben werden. Zusammenfassend lässt sich festhalten, dass diese trotz aller Unterschiede eines gemeinsam haben: einen möglichst flexiblen Rahmen für ergebnisorientiertes Arbeiten. Idealerweise durch selbstgemanagte Teams, in welchen sich die Mitarbeiter selbstständig in verschiedenen Rollen organisieren. Also das, was heutzutage oft im Kontext des Begriffes „Agilität" beschrieben wird.

HOLACRACY	LEAN STARTUP	RESPONSIVE.ORG	SEMCO STYLE INSTITUTE	SOZIOKRATIE 3.0	re:WORK	REINVENTING ORGANIZATIONS: TEAL
Brian Robertson	Eric Ries	Adam Prisoni	Ricardo Semler	Auguste Comte	Google	Frederic Laloux
2009	2008	2015	1980	1851	1998	2014
PRINZIPIEN	PRINZIPIEN	PRINZIPIEN	PRINZIPIEN	PRINZIPIEN	PRINZIPIEN	PRINZIPIEN
▸ Rollen statt Jobtitel ▸ Verteilte Entscheidungsmacht ▸ Schnelle Iterationen ▸ Transparente Regeln	▸ Unternehmer gibt es überall ▸ Unternehmertum bedeutet Management ▸ Validiertes Lernen ▸ Innovationscontrolling ▸ Build-Measure-Learn-Zyklen	▸ Sinn statt Profit ▸ Netzwerke statt Hierarchien ▸ Unterstützung statt Kontrolle ▸ Experimentieren statt Planen ▸ Transparenz statt Geheimnisse	▸ Vertrauen ▸ Kontrolle reduzieren ▸ Selbstmanagement ▸ Extreme Stakeholder-Ausrichtung ▸ Kreative Innovation	▸ Effektivität ▸ Zustimmung ▸ Empirie ▸ Kontinuierliche Verbesserung ▸ Äquivalenz ▸ Verantwortung	▸ Psychologische Sicherheit ▸ Verlässlichkeit ▸ Strukturen und Klarheit ▸ Sinn der Arbeit ▸ Wirkung der Arbeit	▸ Lebendiger Organismus ▸ Selbstmanagement ▸ Ganzheit ▸ Evolutionärer Sinn

Flexible Organisationsmodelle[27]

♥

Die Diskussion rund um das Thema Agilität ist nicht neu, erfährt aber gerade eine Renaissance vor dem Hintergrund sich verändernder Umfeldfaktoren wie der zunehmenden Geschwindigkeit durch die Digitalisierung. In diesem Kontext organisieren sich einige Unternehmen oder einzelne Einheiten immer öfter in sogenannten agilen Teams. Sie arbeiten nach agilen Methoden und in agilen Organisationen. Doch was heißt das eigentlich? Das Grundmodell von Agilität wurde im AGIL-Schema von Talcott Parsons beschrieben.[28] Ziel eines Systems (wie eines Unternehmens) ist hierbei, sich selbst zu erhalten. Dafür bedarf es der Beachtung von vier Dimensionen. Zunächst muss ein System in der Lage sein, sich an verändernde Umstände anzupassen (*Adaption*). Es muss Ziele bestimmen und erreichen können (*Goal-Attainment*). Ferner soll es fähig sein, zusammenzuhalten und unterschiedliche Sichtweisen zu inkludieren (*Integration*). Der vierte Erfolgsfaktor für den Erhalt des Unternehmens ist schließlich der Erhalt eines Wertesystems (*Latency*).

ADAPTATION	GOAL-ATTAINMENT
Verhaltens-systeme	Persönliches System
Kulturelles System	Soziales System
LATENCY	INTEGRATION

AGIL-Schema nach Talcott Parsons[29]

Um alle vier Dimensionen erfüllen zu können, setzen agile Organisationen je nach Zielstellung wechselnde Rollenverständnisse voraus. Sie setzen auf ein wertschätzendes Miteinander, das die Ablauforganisation in den Vordergrund stellt, während die Aufbauorganisation oder Hierarchie in ihrer Bedeutung weicht. Diese wird nicht zwangsläufig aufgelöst, doch stehen oft selbstorganisierte Teams im Vordergrund. All das hat rein wirtschaftliche Gründe. Eine Orientierung der Organisation an Prozessen der Wertschöpfung eines Unternehmens macht eben direkt Sinn.

Lufthansa Systems: Keine Angst vor Agilität

„Bei der Neugründung einer Abteilung haben wir die Einführung agiler Methoden zur Selbstorganisation geprüft. Doch mit einer Methodik allein ist es nicht getan, denn dahinter stehen vor allem veränderte Arbeits- und Denkweisen. Diese müssen verinnerlicht werden und das ist auch die größte Herausforderung bei der Einführung von Agilität. Über viele Jahre sozialisierte Lernweisen müssen abgelegt werden, damit wir zu einem natürlichen Lernen, wie wir es aus unserer frühen Kindheit kennen, zurückkehren können.

Dazu sammeln wir zurzeit die ersten Erfahrungen – sowohl in der neu gegründeten Abteilung als auch im gesamten Unternehmen. Neben vielen kleineren Maßnahmen gibt es drei große Themen. Erstens haben wir die Rolle des Chief Strategy Owners etabliert, und in diesem Zusammenhang setzen wir gerade eine agilen Strategieprozesses auf. Zweitens haben wir (agile) Eigenschaften identifiziert, die innerhalb der Organisation ausgebaut werden sollten, und die Mitarbeiter bei der Entwicklung und Umsetzung passender Maßnahmen involviert. Und drittens haben wir eine unternehmensweite „Business Development & Innovation Community" aufgebaut, die standort- und bereichsübergreifend agil zusammenarbeitet und sich als Team versteht.

Wir können bereits jetzt eine bessere Vernetzung der Mitarbeiter untereinander feststellen, aber auch, dass bestimmte Themen deutlich transparenter für alle Mitarbeiter sind. Auch wenn nicht alles funktioniert, lehrt es uns, keine Angst zu haben vor Veränderungen oder davor, neue Dinge auszuprobieren."

Fabian Prange
Als Head of Business Development & Innovation bei der Lufthansa Systems GmbH & Co. KG beschäftigt sich Fabian Prange schon seit Jahren mit dem Thema „Agilität" – und damit, was Agilität für Unternehmensbereiche außerhalb der Softwareentwicklung bedeuten kann.

Schöne neue Arbeitswelt also? Ein bisschen wird es wohl noch dauern, bis wir alle dahin kommen, denn diese Art der Organisation ist oftmals sehr herausfordernd. Dies musste zum Beispiel Zappos erfahren. Das Zalando-Vorbild vollzog in den USA mit viel Pressewirbel den Wechsel zu einer Holacracy-Organisation. Hierarchien wurden gegen Rollen eingetauscht, und Teams und Mitarbeiter in verschiedenen Zellen organisiert. Einige Zeit darauf verließ im Jahr 2015 fast ein Drittel der Mitarbeiter das Unternehmen, welches zu dem

♥

Zeitpunkt auch das erste Mal seit Jahren aus der „Best Place to Work"Liste fiel. Der Grund: Zu viel Komplexität war nötig, um die Hierarchien zu ersetzen.[30] Auch das Blog-Software-Unternehmen Medium beendete den Holacracy-Versuch schlussendlich mit der Einsicht, dass die Implementierung zu aufwändig war.[31]

Dennoch werden wir langfristig kaum eine andere Wahl haben, als neue, effektive Organisationsmodelle zu finden, um ergebnisorientiert und mit möglichst großer Entscheidungsfreiheit arbeiten zu können, und damit den Anforderungen der Aufgaben in der neuen Arbeitswelt gerecht zu werden. Und tatsächlich gibt es auch bereits erste Positivbeispiele.

Der Videospielhersteller Valve arbeitet mit einem eigenen Organisationsmodell zum Selbstmanagement, welches vor allem auf agile Teams setzt. Diese können sich aufgabenbasiert zusammenfinden. Wenn ein Team es für wichtig erachtet, kann es auch eine neue Aufgabe, wie die Entwicklung eines neues Spiel-Features, selbstständig entscheiden und umsetzen. Valve war damit in den vergangenen Jahren eines der am schnellsten wachsenden Unternehmen in der dynamischen Computerspielbranche. Und das Unternehmen Morning Star zeigt, dass ergebnisorientierte Steuerung auch in ganz anderen Bereichen funktionieren kann. Der Tomatenproduzent agiert seit den 1990er-Jahren als Organisation ohne Hierarchie, ohne Manager und ohne Entscheidungsprozesse. Bemerkenswerterweise gilt dies dort vom Wissenschaftler im Biologielabor bis zum Tomatenpflücker auf dem Feld. Das Resultat: Das Unternehmen ist weltweit führender Tomatenproduzent mit dynamischem Wachstum.[32]

KfW Bankengruppe: Stetige Reflexion ist ein Leitmotiv

„Was uns bei jeder Herausforderung hilft, ist, dass wir neue Prinzipien der Zusammenarbeit entwickelt haben und unsere Zusammenarbeit über alle Hierarchieebenen hinweg auf den Prüfstand stellen. Bisweilen stehen verschiedene New-Work-Maßnahmen dabei jedoch in einem Spannungsfeld. Die (zeitweise) Mitarbeit in agilen Projekten, beispielsweise unter Anwendung von Scrum oder Design Thinking, lässt sich nicht immer gut mit den gleichzeitig stetig steigenden Anforderungen nach Flexibilisierung der klassischen Linientätigkeit vereinbaren. Da agile Projekte häufig mit viel physischer Begegnung verbunden sind, fällt es dem ein oder anderen Teilzeit-Mitarbeiter schwer, hier mitzuhalten.

Für Mitarbeiter und Führungskräfte bedeutet die neue Arbeitswelt einen Wandel des eigenen Tuns – was gemeinsam mit viel Mut, Vertrauen und Zuversicht angegangen wird. Es gehören auch Rückschläge dazu, welche wir in einer sich zusehends etablierenden Fehlerkultur abfedern. Veränderung wird so als Chance und nicht als Bedrohung empfunden. Stetige Reflexion ist das leitende Paradigma. Durch Experimentieren und Beobachten lassen sich erfolgreiche Ansätze von weniger zielführenden unterscheiden. Einige Dinge einfach mal machen und sie gegebenenfalls auch wieder sein zu lassen, ist hierbei wichtig. Mehr als zuvor stehen Führungskräfte vor der Herausforderung, klare Rahmen und Prioritäten zu formulieren. Gleichzeitig gilt es, den Teammitgliedern einen möglichst großen Freiraum zu geben – gemessen am individuellen Reifegrad. Das ist keine Option, sondern eine Pflicht. Schlussendlich geht es darum, zusammen mit den Mitarbeitern ein maximal geeignetes Umfeld – zum Wohle aller und des Unternehmens zu schaffen."

Oliver Bohl

Als Direktor Digitaler Vertrieb in der KfW Bankengruppe spürt Oliver Bohl schon seit längerer Zeit den starken Wandel im Markt und bei Talenten. Diesem begegnet er mit der Einführung neuer, ergebnisorientierter und flexibler Arbeitsweisen.

Wie auch immer die Lösung aussieht, es sollte zunächst vor allem um die Frage gehen, ob überhaupt noch nach Zeit, Präsenz oder anderen fest vorgegebenen Rahmenbedingungen gesteuert werden soll und kann. Oder inwieweit nach Ergebnis gesteuert und den Mitarbeitern damit mehr Freiheit und Verantwortung gegeben wird.

STEUERUNG

FREMDGESTEUERT   SELBSTGESTEUERT

Steuerung durch strikte Vorgabe zu Arbeitszeit & -ort	Steuerung durch flexible Vorgaben zu Arbeitszeit & -ort	Steuerung durch feste Vorgaben zur Tätigkeit	Reine Ergebnissteuerung	Selbststeuerung ohne Kontrolle
Einhaltung strikter Vorgaben zu Zeit & Ort	Einhaltung flexibler Vorgaben zu Zeit & Ort	Einhaltung vorgegebener Tätigkeits-Durchführung	Erfüllung vereinbarter Ergebnisse unabhängig vom genauen Vorgehen	Eigenverantwortliche Arbeit ohne Kontrolle
z.B. durch feste Arbeitszeiten und vorgegebenen Arbeitsort	*z.B. durch Gleitzeit, Kernarbeitszeiten, Anwesenheitsreporting*	*z.B. Vorgabe bestimmter Abläufe/ Prozessschritte; Vertrauensarbeitszeit*	*z.B. Prüfung vereinbarter Ziele, Arbeitszeitfreiheit*	*z.B. freie, selbstständige Durchführung ohne externe Steuerung*

Aber sollten nicht alle Organisationen anstreben, 100 % ergebnisorientiert zu arbeiten? Nicht unbedingt, denn nicht jeder Mitarbeiter und jede Tätigkeit sind dafür gemacht. Viele Mitarbeiter wurden jahrzehntelang dazu „erzogen",

♥

gerade *nicht* so zu arbeiten. Eine solche Prägung lässt sich nicht auf Knopfdruck umkehren. Und auch wenn so mancher Erzieher, Pfleger oder Arzt
sich vielleicht wünschen würde, arbeiten zu können wann, wie und wo er im
jeweiligen Moment am produktivsten ist, lässt die Realität eines Kindergar-
tens, Altenheims oder Krankenhaus dies heute (noch) nicht zu. Entsprechend
ist es wichtig, bei der Entscheidungsfindung pro und contra einer stärker
zeit- oder ergebnisorientierten Steuerung die individuellen Bedürfnisse von
Unternehmen, Branche und Mitarbeitern ausreichend zu berücksichtigen. Nur
so kann die Zufriedenheit der Mitarbeiter und deren Produktivität für das
Unternehmen maximiert werden – für einen nachhaltigen *Good Job*.

IMPULSE

1. Wie können Sie am besten arbeiten? Fragen Sie auch einmal Ihre
   Kollegen bzw. Mitarbeiter.

2. Wie würde Ihr Arbeitsalltag aussehen, wenn Sie nicht an Arbeitszeiten
   gebunden wären?

3. Was müsste sich ändern, damit sich alle Mitarbeiter in Ihrer Organisation selbst managen können?

4. Versuchen Sie doch einmal, bestimmte Aufgaben komplett ohne
   Kontrolle zu erledigen bzw. erledigen zu lassen. Wie ist das Resultat?

5. Wie häufig werden Sie während einer Stunde Arbeit abgelenkt?
   Beobachten Sie dies und suchen Sie nach Wegen, Unterbrechungen
   zu reduzieren, um fokussierter und produktiver arbeiten zu können.

6. Für welche drei Dinge sind Sie heute dankbar? Schreiben Sie diese
   auf. Vielleicht schaffen Sie es, dies zu einer täglichen Routine werden
   zu lassen.

PLATZ FÜR ARBEIT
statt
ARBEITSPLATZ

OLIVER BERGER

99 *Wo wir gerade so schön in Fahrt sind: Kürzlich wurden bei uns ja auch noch die Wände eingerissen. Ich meine nicht nur kulturell, sondern im wortwörtlichen Sinne. Wir sitzen hier jetzt also alle auf EINER Fläche. Schön offen, ganz so, wie man sich das in hippen Unternehmen vorstellt. Die Begeisterung dürfte inzwischen allerdings auch beim Letzten vollends verflogen sein, zum Beispiel weil nun wirklich alle wissen, dass unser Sales Department ganz schön laut ist beim Telefonieren. Und seit der liebe Dirk hinten in der Ecke angefangen hat zu husten, sind Woche für Woche die Kollegen gefallen wie die Fliegen. Man konnte förmlich Wetten abschließen, welche Tische als nächste radial um den Krankheitsherd herum leer bleiben.*

Das Ganze wurde jedoch noch weiter auf die Spitze getrieben. Wie bei der Reise nach Jerusalem gibt es weniger Schreibtische als Mitarbeiter. Und fragen Sie mal nicht nach Stühlen. Das Konzept heißt übrigens ‚Hot-Desking'. Ich denke, dass hier keiner die Nummer wirklich ‚hot' findet. Die Begründung für das Konzept ist übrigens besonders speziell: ‚Es sind ja ohnehin nie alle da'. Dass wir aber keine Beratung oder Feuerwehr sind – das scheint man irgendwie vergessen zu haben.

In jedem Fall heißt es jetzt für viele: Homeoffice! Was über Jahre gefühlt härter erkämpft werden musste als einige Freiheitsrechte im Grundgesetz, soll nun das moderne Arbeiten oder besser den modernen Arbeitsplatz widerspiegeln. Doof nur, wenn das gleich mit 20 Millionen Regeln verbunden ist, die dazu führen, dass zu Hause im Prinzip das vormalige Büro maßstabsgetreu nachgebildet werden muss. Es heißt also nicht etwa einfach irgendwo auf der Couch arbeiten, sondern laut BetrV. §47,6: ‚Temporäre Freistellung des Mitarbeiters von vorgesehenen Büroarbeitsplätzen zugunsten eines mindestens gleichwertigen Arbeitsplatzes am Erstwohnsitz.' Und so belegt die Arbeit jetzt nicht nur inhaltlich Teile meiner Freizeit, sondern auch visuell. Ich möchte aber kein Büro zu Hause haben in Zeiten von Laptop und sonstigen modernen Kommunikationsmitteln!

Wobei, da hakt es ja schon. Erstens sind die meisten Akten noch papierhaft im Büro und von zu Hause ist da kein drankommen. Und zweitens: ohne die richtige UMTS(!)-Mobilfunkkarte ist an ein Login ins Firmennetzwerk von zu Hause mal überhaupt nicht zu denken. Also trage ich ständig irgendwelche Aktenberge hin und her und mein Zuhause sieht jetzt aus wie ein Archiv. Meine Freundin erzählt neuen Bekannten mittlerweile schon scherzhaft, ich sei Bibliothekar.

Vor Kurzem, das war übrigens das Beste, sollte ich aus dem Homeoffice eine Webkonferenz halten und eine Präsentation für Geschäftspartner vorstellen. Unser Chef wollte unbedingt unsere ‚Digitale Transformation' demonstrieren. Beim Start fragte ich die Kollegen am Bildschirm, ob es losgehen könne. Die Antwort: „Wir sehen Ihre Slides nicht Herr Berger!" Ich hatte ein paar Grafiken eingebaut, die ein Plug-in erforderten und fragte: „Haben Sie das Plug-in installiert?" Die Antwort: „Wir haben hier nur den Internet Explorer 7!" Darauf versuchte ich die Datei als E-Mail zu senden, bis mich die Kollegen erinnerten: „Unsere Postfächer können nicht mehr als fünf MB empfangen!" Ich habe dann kurz über Dropbox und Wetransfer nachgedacht, aber die werden von unserer Firewall geblockt. Am Ende kam die Frage: „Können Sie das nicht mal eben faxen, Herr Berger?"

Dabei sollte es doch eigentlich alles nicht so schwer sein. Auf dem Weg zum Büro sehe ich oft andere Leute, wahrscheinlich aus irgendwelchen Start-ups, im Café um die Ecke sitzen. Wenn die das können, warum soll das für uns so schwierig sein? Am Ende geht es doch weniger um einen konkreten Arbeitsplatz, sondern vielmehr um den besten Platz zum Arbeiten. Und das könnte für mich auch das Café sein... wenn ich nicht die Angst hätte, dafür direkt eine Abmahnung zu bekommen. Naja, träumen darf man ja. **❝**

> „Das Wort „Großraumbüro" hat Schockwirkung.
> Es weckt grausige Erinnerungen an die Sünden des
> frühen Kapitalismus und es bewegt Kulturkritiker
> ebenso wie Gewerkschaftler und auch jene Leute,
> die – nicht ohne Grund – allen Importen aus den USA
> mit gehöriger Skepsis gegenüberstehen."
> *– Die Zeit*

Dieses Zitat stammt nicht etwas aus dem Jahr 2018, sondern aus dem Jahr 1962. Neue Büromodelle werden also schon seit Ewigkeiten durchs Dorf getrieben. Aber warum eigentlich? Ist es nicht absurd, dass sich Mitarbeiter seit Jahrzehnten an immer wieder neue Arbeitsplätze anpassen müssen? Insbesondere wenn man bedenkt, dass laut einem Bericht von Gallup die engagiertesten Mitarbeiter 60–80 % ihrer Zeit gar nicht im Büro verbringen.[1] Und 30 % aller Arbeitnehmer in der Studie „Chefsache Business Travel 2018" sogar angeben, dass sie auf Reisen produktiver arbeiten können als am Schreibtisch.[2] Ist der Arbeitsplatz der Zukunft dann vielleicht einfach „gar kein Arbeitsplatz"?

Eines ist jedenfalls sicher: Die neue Arbeitswelt bringt neue Bedürfnisse in Bezug auf den Arbeitsplatz mit sich. Während Arbeit in der Vergangenheit durch eine planbare, routinierte Abarbeitung von Aufgaben in festen Teams geprägt war, geht es zukünftig stärker darum, mit unterschiedlichen, teilweise weltweit verteilten, Kollegen und Freelancern kollaborativ an kreativen Lösungen zu arbeiten, während Software und künstliche Intelligenz vermehrt die Routineaufgaben übernehmen. Benötigte Technologien und Arbeitsmittel stehen den Mitarbeitern schon heute vermehrt mobil in der Cloud zur Verfügung und Prozesse werden zunehmend digital abgewickelt.

♥

Wie sollte der Arbeitsplatz in der Konsequenz also gestaltet sein? An dieser Stelle lohnt sich ein Blick in eine aktuelle Studie von Gensler. Diese untersuchte die Arbeitsplatzbedingungen sehr zufriedener und engagierter Mitarbeiter. Es zeigte sich, dass solchen Mitarbeitern in fast allen Fällen verschiedene Räume für die Zusammenarbeit, aber auch für den Rückzug, zur Verfügung stehen, sowie ein Umfeld, in dem sie sich leicht konzentrieren können. Und ganz entscheidend: Sehr zufriedene und engagierte Mitarbeiter können sich selbst aussuchen, wo sie arbeiten – sowohl innerhalb der verfügbaren Büroinfrastruktur als auch außerhalb.[3]

Klassische Großraumbüros bzw. „Open Offices" scheinen entsprechend *nicht* dafür geeignet zu sein, Engagement und Leistung der Mitarbeiter zu maximieren. Warum also entscheiden sich so viele Unternehmen für diese Art des Arbeitsplatzes, obwohl die meisten Mitarbeiter mit diesen nur Lärm, Hektik und Ablenkung in Verbindung bringen?

In der Theorie liegen die Vorteile für das Großraumbüro auf der Hand. Es werden nicht nur Platz und somit Kosten eingespart, sondern Kollaboration, Kommunikation und Austausch im Team sollen steigen, wenn nicht jeder hinter verschlossenen Türen sitzt. Sicherlich ist es einfacher, jemanden anzusprechen, wenn dieser nebenan sitzt, statt am Ende des Gangs hinter einer geschlossenen Tür.

Aber halt, genau hier liegt ein Irrglaube, denn laut zahlreichen Studien ist oftmals das Gegenteil der Fall. Großraumbüros sorgen nicht nur dafür, dass Ablenkungen in Form von Lärm und störenden Kollegen zunehmen.[4] Eine aktuelle Harvard-Studie zeigt sogar, dass sich die Kommunikation und das Verhältnis zwischen den Kollegen maßgeblich *verschlechtern*. Im Rahmen der Studie wurde in zwei US-Unternehmen untersucht, wie der räumliche Wechsel zum Großraumbüro die menschliche Interaktion verändert. Das Ergebnis: In beiden Fällen reduzierten sich die direkten Gespräche mit dem Wechsel ins Großraumbüro um rund 70 %. Parallel dazu nahm die Kommunikation über elektronische Kanäle wie E-Mails und Messenger-Dienste um 20–50 % zu.

Und so wird in Bezug auf Konzepte wie dem Open Office nur ein Vorteil tatsächlich von jeder Studie bestätigt: die Kostenersparnis. Wird die Entscheidung für den Arbeitsplatz jedoch ausschließlich auf Basis einer funktionellen Kosten-Nutzen-Rechnung in der Immobilienabteilung getroffen, vergibt das Unternehmen ein enormes Potenzial. Schließlich hat der Arbeitsplatz Einfluss auf die Leistungsfähigkeit und das Engagement der Mitarbeiter und kann somit richtungsweisend sein für die zukünftige Wettbewerbsfähigkeit des gesamten Unternehmens.[5]

Eine spannende Alternative zum klassischen Großraumbüro bietet das sogenannte *„Activity Based Working"*. Die Idee: Indem verschiedene Arbeitszonen im Büro geschaffen werden, können Mitarbeiter je nach Aktivität frei entscheiden, wo sie arbeiten möchten. Zu den verschiedenen Zonen gehören in der Regel ein Fokusbereich zum konzentrierten Arbeiten, ein Kollaborationsbereich für strukturierte Workshops, klassische Meetingräume und ein sozialer Bereich zum Austausch und zur Erholung.[6] Aber auch einfache Maßnahmen wie eine breite Treppe oder eine zentrale Kaffeemaschine als „zufälliger" Treffpunkt können Wunder für Kollaboration und Interdisziplinarität wirken. Ein derart gestaltetes Activity Based Working-Konzept bietet gute Voraussetzungen für zufriedene und engagierte Mitarbeiter – und kann dennoch Kosteneinsparungen wie bei einem Großraumbüro erzielen. Im Gegensatz zu diesen scheint das Activity Based Working in der Praxis auch tatsächlich gut zu funktionieren.

So zum Beispiel bei der Deutschen Telekom, die das Konzept unter dem Namen „Smart Working" testet. In dem Pilotprojekt wird das Büro in einen Ort der Kommunikation und Vernetzung mit situationsorientierten Räumlichkeiten gewandelt. Gleichzeitig werden den Mitarbeitern individuelle Freiheiten gegeben, wo (und wann) sie arbeiten wollen – egal ob im Büro oder außerhalb. Daraus folgt auch, dass sie nicht mehr nach Zeit, sondern nach Ergebnissen gemessen werden. Beobachtungen und Auswertungen des Pilotprojektes belegen dabei sowohl positive Effekte auf die Arbeitsleistung, als auch eine 30 %ige, sofortige Einsparung in Bezug auf die Fläche, da sich alle Mitarbeiter auf die verschiedenen Arbeitsbereiche flexibel aufteilen.[7] Andere Großunternehmen wie Credit Suisse oder Daimler rollen das Konzept – aufgrund ähnlich positiver Ergebnisse im eigenen Unternehmenskontext – bereits im größeren Stil aus.

HRS: Räume für mehr Zusammenarbeit und auch mehr Ruhe

„HRS ist ein Schnellboot im Markt und zeichnet sich durch seinen Pioniergeist aus. Wir sind bereits auf dem Weg in die neue Arbeitswelt und haben erste tradierte Paradigmen über Bord geworfen. Auf Wunsch der Mitarbeiter wich zum Beispiel die Zeiterfassung der Vertrauensarbeitszeit und es wurde eine Homeoffice-Regelung eingeführt.

Bei der Neugestaltung unserer Zentrale in Köln hatten wir das Ziel, einen Ort zu schaffen, an dem sich die Mitarbeiter wohlfühlen und den Gäste gerne besuchen. Das Motto ‚Die Welt zu Gast in Köln' zieht sich daher durch das ganze Gebäude. Jede Etage bildet einen anderen Kontinent ab. Statt Einzelbüros fördern Open Offices die Kollaboration entlang der Ablauforganisation. Im Vordergrund steht Flexibilität – alle sollen möglichst nah am Kern sein. Damit unsere Mitarbeiter Ruhe finden, gibt es ein ausgeklügeltes Konzept mit Rückzugsoptionen: sieben Terrassen, Kreativräume und abgetrennte Think Tanks. Verschiedene ‚Meeting Points', kleine und große Bereiche, laden zum Brainstorming und zu Besprechungen ein. Seitdem wird sich häufiger persönlich ausgetauscht, statt E-Mails hin und her zu schreiben. Und das Ergebnis ist oft besser.

♥

Als wir in unser neues Gebäude gezogen sind, haben die Kollegen darüber auf Instagram und Facebook berichtet – über die großartige Ausstattung oder den Blick auf den Dom. So werden Mitarbeiter zu Testimonials, ein wichtiger Nebeneffekt auf dem heutigen Arbeitsmarkt."

Britta Schumacher
HRS ist ein Familienunternehmen in zweiter Generation, das vor 46 Jahren in Köln gegründet wurde. Bereits 1995 fand das Hotelportal als Pionier den Weg ins Internet und war die erste App in ihrer Kategorie im App Store. Britta Schumacher ist Communications Director bei HRS.

Activity Based Working ist insbesondere dort von Nutzen, wo kreative Prozesse und Entscheidungsaufgaben gefragt sind, denn diese brauchen sowohl Rückzugs- als auch Kollaborationsplätze. Bei Routineaufgaben steigt dagegen die Produktivität an, wenn mit vielen Menschen gemeinsam in einem Großraum gearbeitet wird, da weniger eine hohe Konzentration als vielmehr eine geschäftige Atmosphäre und Unterhaltung gefragt sind. Dies heißt im Umkehrschluss auch: Je mehr Routineaufgaben automatisiert und mit künstlicher Intelligenz erledigt werden können, umso wichtiger werden flexible, alternative Raumkonzepte wie das Activity Based Working. Denn sobald Arbeitsprozesse nicht mehr statisch und linear sind, kann auch der Platz für Arbeit nicht mehr statisch und linear sein.

Diesem Gedanken folgend geht Siemens sogar noch über die Grenzen des bisherigen Activity Based Working hinaus. So plant das Unternehmen mit der „Siemensstadt 2.0" die Wiederbelebung eines 70 Hektar großen Stadtviertels in Berlin. In dem etwa 600 Millionen Euro teuren Innovationscampus sollen Forschungs-, Fach- und Gründungszentren, Start-ups sowie außeruniversitäre und wissenschaftliche Einrichtungen und deren Partnerunternehmen angesiedelt werden. Statt eines Arbeitsplatzes steht den dort Arbeitenden also ein „moderner und von vielfältiger Nutzung geprägter urbaner Stadtteil der Zukunft" zur Verfügung. Gewissermaßen also ein „Büroarbeitsplatz 4.0", der nicht nur immer den richtigen Platz für die Arbeit, sondern auch Möglichkeiten für Vernetzung, Freizeitgestaltung und sonstige Lebensbedürfnisse „unter einem Dach" bietet.[8]

Ein wichtiger Erfolgsfaktor sollte bei all diesen variablen Arbeitsplatzangeboten stets berücksichtigt werden: Die notwendige Identifikation des Mitarbeiters mit „seinem" Arbeitsplatz – auch wenn dieser nun kein fester Schreibtisch mehr ist. Um diesem Faktor Rechnung zu tragen, sollten die Mitarbeiter möglichst in die Gestaltung des (neuen) Arbeitsplatzes mit einbezogen werden, zum Beispiel was Design und Raumaufteilung angeht. Dazu eignet sich insbesondere das sogenannte „Employee Experience Design". Dabei werden – analog zum Customer- bzw. User Experience Design – im Rahmen der Konzeption qualitative und quantitative Forschungsmethoden wie Umfragen, Ethnografie, Tracking, A/B-Testing uvm. eingesetzt, um den bestmöglichen Platz für die Arbeit auf Basis der individuellen Bedürfnisse der Mitarbeiter zu schaffen. Und dieser Aufwand lohnt sich. Laut einer Studie der Exeter School of Psychology kann die (Teil)Kontrolle über den Arbeitsplatz über die aktive Einbeziehung der Mitarbeiter in den Planungsprozess zu einer 32 % höheren Produktivität führen.[9]

In der neuen Arbeitswelt ist ein individuell gestaltetes, passendes Büro allein jedoch noch nicht ausreichend. Denn immer mehr Mitarbeiter arbeiten auch außerhalb des Büros oder wollen dies zumindest. 85,6 % der Arbeitnehmer würden laut einer aktuellen Umfrage von CareerBuilder gerne regelmäßig von zu Hause aus arbeiten.[10] Und dank der fortschreitenden Virtualisierung des Arbeitsplatzes ist dies auch zunehmend möglich. Schließlich können alle relevanten Dokumente und Kommunikationsmittel heutzutage auf diversen Geräten überall in der Cloud bereitgestellt werden. Und so steht dem Arbeiten außerhalb des Büros in vielen Jobs nichts mehr im Wege – egal ob im festen Homeoffice, beim flexiblen mobilen Arbeiten oder als temporäre „Remote Work" aus der Distanz.

Bekannt sind in diesem Kontext, neben immer weiter verbreiteten Co-Working-Anbietern wie zum Beispiel WeWork, vor allem die Geschichten der „Digitalen Nomaden", welche nur mit einem Laptop bewaffnet von überall auf der Welt aus arbeiten, oftmals in passenden Co-Working-Spaces oder auch eigens dafür ausgestatten Ferienhäusern in attraktiven Gegenden. Doch es geht im wahrsten Sinne des Wortes noch „abgefahrener": Beim sogenannten „Nomad Cruise" verbringen knapp 200 digitale Nomaden zwölf Tage auf einem Kreuzfahrtschiff, um dort an ihren Projekten zu arbeiten, sich zu vernetzen – und natürlich Spaß zu haben.[11] Und bei der Digitalagentur Vast Forward arbeiten die beiden Geschäftsführer sogar das ganze Jahr über von ihrem Segelboot im Mittelmeer aus. Auch ihre Angestellten haben die Freiheit, zu arbeiten wo sie möchten. Dies funktioniert, indem die Kommunikation im Unternehmen und mit Kunden primär digital abgewickelt und weitestgehend auf Meetings verzichtet wird. „Immer erreichbar, aber nicht immer verfügbar" ist dabei das Credo zur Selbstorganisation.[12]

Doch selbst wenn es statt des Kreuzfahrtschiffes nur der heimische Küchentisch ist: Kann eine solche „Abwesenheit" auch bei regulären Mitarbeitern nachhaltig funktionieren? Schließlich ist Homeoffice doch vielfach Synonym für einen „bezahlten, zusätzlichen Urlaubstag" und „Remote Work" die dazu passende Variante in der Länge eines kompletten Urlaubes. „Arbeits"-Plätze wie Cafés, Co-Working-Spaces usw. funktionieren vielleicht für ein paar Blogger und Designer, doch für „richtige" Arbeit sind diese wohl eher ungeeignet.

♥

So oder ähnlich mögen viele denken oder haben sogar selbst entsprechende Erfahrungen gemacht. Aus individueller Sicht können die Argumente also sehr valide sein. Aus objektiver Sicht hingegen zeigen zahlreiche Studien, dass diese „Telearbeit" größtenteils positive Effekte auf Mitarbeiterzufriedenheit und Produktivität hat. So führte zum Beispiel der Stanford Professor Nicholas Bloom eine Untersuchung mit 500 Mitarbeitern einer Reiseagentur durch, die alle den gleichen beruflichen Hintergrund hatten. Die eine Hälfte der Mitarbeiter sollte im Büro verbleiben, die andere Hälfte wurde dagegen für neun Monate ins Homeoffice geschickt. Das Ergebnis: Die Homeoffice-Mitarbeiter konnten nicht nur (erwartungsgemäß) Bürokosten einsparen, sondern waren im Schnitt auch um 13,5 % effizienter und hatten eine um 50 % geringere Ausfallquote als ihre Kollegen im Büro. Und auch in Bezug auf die Qualität der Arbeit waren die Mitarbeiter im Homeoffice mit ihrer Leistung zufriedener als ihre Büro-Kollegen.[13]

Doch wodurch ergibt sich diese Produktivitätssteigerung abseits des Büros? Zum einen ist es schlichtweg Mehrarbeit, denn Telearbeiter arbeiten durchschnittlich sechs Stunden mehr pro Woche – und zwar unentgeltlich.[14] Dies vermutlich auch, weil auf lange Fahrzeiten und -kosten verzichtet werden kann. Hinzu kommt die bereits erwähnte Reduktion von Ausfall und Krankheiten. Doch obwohl dies alles zunächst positiver für das Unternehmen als für den Mitarbeiter klingt, ist es wohl insbesondere die größere Zufriedenheit der Mitarbeiter, die schlussendlich zu den besseren Resultaten für das Unternehmen führt. Denn trotz der Distanz (oder gerade deswegen?) sind Mitarbeiter, die außerhalb des Büros arbeiten, oftmals deutlich zufriedener und glücklicher. So stimmen 84 % der Arbeitnehmer mit Homeoffice im aktuellen „Glücksatlas Deutschland" zu, dass dieses sich positiv auf ihre Lebensqualität auswirkt.[15] Sollten in der Konsequenz also die Büros einfach abgeschafft werden? Schließlich wäre dies eine für alle Parteien bessere Lösung, die auch gut zu funktionieren scheint.

Ganz so einfach ist es nicht, denn *langfristig* können negative Effekte auftreten. So entschied sich knapp die Hälfte der Homeoffice-Mitarbeiter aus der oben genannten Studie von Professor Bloom nach dem Experiment wieder für den Büroarbeitsplatz. Die Gründe: zunehmende Isolierung und zu geringe Anerkennung für die geleistete Arbeit. Frei nach dem Motto: Aus den Augen, aus dem Sinn. Und auch andere Studien, welche die höhere Produktivität von Homeoffice-Mitarbeitern bestätigen, beschreiben gleichzeitig, dass die bessere Leistung oft von den Führungskräften gar nicht wahrgenommen wird und die Mitarbeiter in der Konsequenz seltener Gehaltserhöhungen und Beförderungen erhalten.[16] Besser scheint es also in den meisten Fällen zu sein, „mobiles Arbeiten" zu forcieren, bei dem die Mitarbeiter nur *gelegentlich* von zu Hause oder unterwegs arbeiten können. Denn auch hier steigt die Produktivität, die negativen Effekte lassen sich jedoch vermeiden. Eine Meta-Analyse von Gajendran und Harrison detailliert dies und zeigt, dass erst bei mehr als drei von fünf Tagen Homeoffice die Beziehung zu Kollegen leidet.[17]

Bad Heilbrunner: Flexibilisierung nicht um jeden Preis

„Mit unserem idyllischen Standort im Voralpenland haben wir es nicht einfach, Talente anzuziehen, präferieren doch gerade die jungen Menschen häufig Städte und stadtnahe Arbeitgeber.

Für diese Herausforderung gibt es noch keine Lösung, aber wir arbeiten mit einer Task Force über alle Funktionen und Hierarchieebenen hinweg daran. Einen geeigneten Platz für Arbeit außerhalb des Büros zu kreieren, ist jedoch schwierig. Natürlich sind mobiles Arbeiten oder Homeoffice für uns relevant, da mindestens die Hälfte der Belegschaft täglich mehr als 50 km pendelt und somit zu Hause deutlich effizienter und stressfreier arbeiten könnte. Andererseits sehen wir auch Nachteile, wie eine Verringerung des kollegialen Gefühls und der Mitarbeiterbindung. Paradoxerweise kann sogar die Arbeitgeberattraktivität insgesamt wieder sinken, da bestimmte Dienstleistungen wie eine Kantine nicht mehr angeboten werden können, wenn zu wenige Mitarbeiter vor Ort sind.

Möglicherweise könnten ein Hub oder Co-Working-Space in der Stadt sinnvoll sein, an welchem Mitarbeiter gemeinsam einen alternativen Arbeitsplatz haben. Völlig flexible Arbeitsplätze wird es jedoch aus meiner Sicht in absehbarer Zeit bei uns noch nicht geben. Nicht nur aufgrund technischer Herausforderungen, sondern auch deshalb, weil völlig autarkes Arbeiten in vielen Fällen nicht zu den gewünschten Ergebnissen führen wird. Mitarbeitergespräche, Feedbacks, Kreativprozesse oder Abstimmungsmeetings sind meines Erachtens nur persönlich durchführbar. Wir gehen vereinzelt sogar von Videotelefonie zurück zu persönlichen Meetings.

Die Herausforderungen bleiben also groß, doch wir sehen auch, dass es sich lohnt, diese anzupacken. Nicht nur, weil wir damit im ‚War for Talent' besser bestehen können, sondern weil wir auch die Zufriedenheit der bestehenden Belegschaft steigern und dadurch gut für die neue Arbeitswelt gerüstet sind."

Umut Sezer
Zu den besonderen Herausforderungen von Umut Sezer, Geschäftsführer der Bad Heilbrunner Naturheilmittel GmbH & Co. KG, dem größten Anbieter von Arzneimitteltees in Deutschland, gehören Fragen der Standortattraktivität, Arbeitsplatzgestaltung und Fachkräfterekrutierung im ländlichen Raum.

♥

Dieses Wissen wird zum Beispiel bei Microsoft eingesetzt, wo die Mischung aus Büro- und Heimarbeit als die beste Lösung angesehen wird. „Auch wenn viele Mitarbeiter gerne die Möglichkeit zum Homeoffice hätten, nach zwei Tagen wollen sie auch mal wieder ins Büro, um sich mit Kollegen persönlich auszutauschen", berichtet ein Unternehmenssprecher. Doch die Wahl bleibt ihnen überlassen. Es herrscht nicht nur Vertrauensarbeitszeit, sondern auch ein „Vertrauensarbeitsort". Und das flexible Arbeitsmodell hat Erfolg. Nach einem Jahr zieht die damalige Personalchefin Elke Frank ein positives Fazit: „Wir haben einen deutlichen Produktivitätsschub und vor allem auch eine höhere Zufriedenheit unserer Mitarbeiter verzeichnet." Neun von zehn Microsoft-Mitarbeitern nutzen mittlerweile die Möglichkeit, nicht jeden Tag im Büro sitzen zu müssen.[18]

Doch all diese Vorteile sind irrelevant, solange sie nicht wie bei Microsoft vom Unternehmen akzeptiert oder im besten Fall sogar aktiv gefördert werden. Denn aktuell werden die Angebote zu mobiler Arbeit und Homeoffice, sofern sie überhaupt existieren, selten genutzt. Insbesondere Deutschland ist hier abgeschlagen. Nur 12 % der Arbeitnehmer sparen sich laut des Deutschen Instituts für Wirtschaftsforschung gelegentlich oder jeden Tag den Weg ins Büro. In Skandinavien sind es dagegen bis zu 40 %.[19] Dabei können solche Angebote gerade kleineren Unternehmen die Möglichkeit bieten, das volle Spektrum an Flexibilität anzubieten, ohne selbst große Investitionen zu tätigen. Das Problem liegt dabei offensichtlich nicht bei den Mitarbeitern, die sich ja mehrheitlich eine höhere Flexibilität in Bezug auf ihren Arbeitsplatz wünschen würden. Auch an der Arbeit selbst kann es nicht liegen. Denn erstens unterscheiden sich die Tätigkeitsprofile zwischen Skandinavien und Deutschland nicht signifikant und zweitens machen Büroarbeitsplätze inzwischen 50 % der Arbeit in Deutschland aus.[20] Und nicht nur diese lassen sich inzwischen meist auch virtuell erledigen, selbst andere Berufsgruppen werden mehr und mehr unabhängig vom physischen Arbeitsplatz. Man denke nur an den Arzt, der seit 2018 auch rein virtuell Patienten beraten und Diagnosen stellen kann.[21]

Doch woran scheitert es dann in der Umsetzung? Nach einer Befragung zum Thema Homeoffice vom IT-Verband Bitkom scheint die Sache klar. Die Chefs gaben darin an, zu wenig Vertrauen zu haben und Mitarbeiter zu Hause schwieriger erreichen und kontrollieren zu können. Daher gilt in der Hälfte der 1.500 befragten Unternehmen eine Anwesenheitspflicht. Die häufigste Antwort der Unternehmen auf die Frage, woran es scheitert: „Homeoffice ist im Unternehmen generell nicht vorgesehen".[22] Auch andere Studien zeigen: Die größten Barrieren sind nicht auf funktionaler Ebene zu suchen, sondern in der Kultur, bei den Führungskräften oder den Entscheidern.[23] Der Fehler liegt also im System. Noch immer wird oft nach Arbeitszeit und Präsenz gesteuert, und ein hierarchisch geprägter, kontrollierender Führungsstil gepflegt. Erst wenn sich dies, parallel zum Aufbau einer passenden Vertrauenskultur, ändert, wird es den Vorgesetzten auch leichter fallen, ihre Angestellten nicht mehr anhand ihrer Anwesenheit, sondern stattdessen an ihrer Leistung zu messen. Und auch erst dann kann das Unternehmen von den Vorteilen profitieren, die ein flexibler Arbeitsplatz für den Mitarbeiter und dessen Leistung bietet.

Johanniter-Unfall-Hilfe: Individualisierung ist besser als Überwachung

„Es entsteht bei Vorgesetzten häufig noch Unbehagen, wenn Mitarbeiter nicht persönlich kontrolliert werden können. Gleichzeitig spricht fast jede Führungskraft davon, die Mitarbeiter nicht an Präsenzstunden, sondern an den Arbeitsergebnissen zu messen und zu bewerten. Ich habe gute Erfahrungen damit gemacht, mich mit Mitarbeitern gemeinsam darüber zu verständigen, wie deren persönliche Arbeitsergebnisse gemessen werden können. Damit wird erforderliche Kontrolle transparent und auch nicht als Überwachung empfunden.

Das setzt natürlich viel persönliche Abstimmung mit den Mitarbeitern voraus. Denn alle Hoffnungen, ein zwar neues, aber einheitliches Arbeitsmodell zu implementieren und damit als Arbeitgeber zukünftig modern und attraktiv zu sein, können wir getrost begraben. Es geht um die Schaffung eines nutzerfreundlichen Werkzeugkoffers an Möglichkeiten für die operativen Führungskräfte, damit sie mit jedem Mitarbeiter das Modell finden, das zu dessen Aufgaben und Bedürfnissen passt. Auf die individuellen Bedürfnisse einzugehen, heißt dabei auch, diejenigen nicht zu übergehen, die gern weiterhin morgens ins Büro fahren und dort ‚einfach nur' ihren Job machen wollen. Es gibt gute Gründe dafür, warum viele Mitarbeiter dieses Modell noch immer sehr schätzen."

Hannes Wendler
arbeitet als Landesvorstand Niedersachsen/Bremen bei der Johanniter-Unfall-Hilfe e. V. Die Hilfsorganisation mit vielen dezentralen Standorten und traditioneller Unternehmenskultur hat über 20.000 Angestellte und fast 40.000 freiwillige Mitarbeiter.

Für die genaue Ausgestaltung des Arbeitsplatzes kann es keine Standardlösung geben. Denn auch wenn eine Kombination aus Activity Based Working im Büro und flexiblem Arbeiten außerhalb des Büros auf den ersten Blick nach der besten Variante klingen mag, gilt zu berücksichtigen: One size fits *nobody*! So wird ein Empfangsmitarbeiter sicherlich auch in naher Zukunft noch einen statischen Arbeitsplatz haben, obwohl dieser sich vielleicht Homeoffice-Tage

wünschen würde. Der Arzt operiert in der Regel noch im Operationssaal –
auch wenn er vielleicht Lust auf die Arbeit in einem modern eingerichteten
Co-Working-Space hätte. Und auch bei strahlendem Sonnenschein muss
sich der Anwalt bislang im stickigen Büro durch vertrauliche Akten wühlen,
während Programmierer oder Produktdesigner von ihrem Balkon aus arbeiten
können. Auch wenn sich dies in Zukunft wahrscheinlich ändern wird, weil der
Empfangsmitarbeiter ein Roboter ist, der Arzt virtuell Operationswerkzeuge
fernsteuert und vertrauliche Akten 100 % sicher in der Cloud gespeichert
werden können, sind wir noch weit entfernt vom flexiblen Arbeitsplatz für
jedermann. Bis dahin bewegen wir uns auf einem Spektrum, das vom statischen Arbeitsplatz bis hin zum komplett flexiblen, virtuellen Platz für Arbeit
reicht.

ARBEITSPLATZ

STATISCH ──────────────────────────── **FLEXIBEL**

Fester Arbeitsplatz	Vorgegebener Wechsel zwischen festen Arbeitsplätzen	Freier Wechsel zwischen Arbeitszonen	Freier Wechsel zwischen flexiblen Arbeitsplätzen	Freie Auswahl des Arbeitsplatzes ohne Vorgaben
Immer gleicher Arbeitsplatz wird vorgegeben	Wechsel zwischen festen Arbeitsplätzen wird vorgegeben	Feste Arbeitszonen (Fokus, Meeting, Play, …) stehen frei zur Verfügung	Flexible Nutzung von Arbeitsplätzen inner- und außerhalb des Standortes	Platz für Arbeit kann ohne Vorgaben gewählt werden
z.B. fester Schreibtisch, Labor, Fließbandplatz	z.B. Desksharing, Stationen, Raumbuchung	z.B. Activity Based Working	z.B. aus Homeoffice und Open Office	z.B. mobiles Arbeiten, Coworking-Abo

Wo genau auf diesem Spektrum die jeweils optimale Lösung liegt, entscheiden
zum einen die Bedürfnisse der Mitarbeiter und zum anderen die Anforderungen des Jobs sowie die Realitäten des Unternehmens. Auch darum gilt:
Wenngleich die Mitarbeiter sicherlich wissen, welche Freiheiten sie benötigen
und wie sie am besten arbeiten können, kennen sie nicht unbedingt auch die
passendste Lösung aus Unternehmenssicht. Entsprechend wichtig ist es, die
Konzeption des „Platz für Arbeit" zwar an ihren Bedürfnissen auszurichten,
sie aber nicht unbedingt im Vorfeld auch das genaue Modell entscheiden zu
lassen. Dies beugt auch der Gefahr vor, dass vorschnell passende Lösungen
abgelehnt werden, weil vielleicht Erfahrungen fehlen oder eine generelle Ab-
neigung gegen Veränderung besteht. So waren beispielsweise beim IT-Unternehmen Wacom laut Vorbefragung 80 % der Mitarbeiter gegen die Umstellung
des aktuellen Arbeitsplatzes zugunsten eines Activity Based Working im
Rahmen eines Open Offices. Nach Einführung dieser Maßnahme (unter
Einbezug der Mitarbeiterbedürfnisse) sind schlussendlich jedoch 80 % der
Mitarbeiter mit ihrem neuen Platz für Arbeit zufrieden. Und am Ende geht es
ja nicht darum, ob die konkrete Lösung von den Arbeitnehmern oder dem Arbeitgeber konzipiert wurde, sondern dass diese zu den gewünschten Effekten

in Bezug auf die Zufriedenheit der Mitarbeiter und den daraus resultierenden Leistungssteigerungen für das Unternehmen führt.

IMPULSE

1. An welchen Orten können Sie am besten arbeiten? Und ist Ihnen dies im Rahmen Ihrer aktuellen Tätigkeit möglich? Wie verhält es sich bei Ihren Kollegen oder Mitarbeitern?

2. Arbeiten Sie einmal an ungewöhnlichen Orten: im Park, im Museum, im Bett. Nehmen Sie sich zur Not einen Tag frei, wenn dies in der Arbeitszeit nicht vorgesehen ist.

3. Veranstalten Sie ein Teammeeting im Café statt im Büro. Diskutieren Sie gemeinsam die Erfahrung.

4. Was muss im Unternehmen passieren, damit alle Mitarbeiter auch mobil arbeiten können? Wie würden Sie dann die Zeit nutzen, in der Sie Ihre Kollegen persönlich sehen?

5. Halten Sie eine Woche lang fest, welche Tätigkeiten Sie erledigen. Welche davon benötigen Fokus/Teamwork/Entspannung/Inspiration/...?

WORK-LIFE-HARMONIE
statt
WORK-LIFE-BALANCE

OLIVER BERGER

" *Ich weiß nicht, ob es wirklich so war. Aber vor ein paar Monaten fühlte ich mich wie kurz vorm Burn-out. Es ging dabei gar nicht so sehr darum, dass ich den hohen Anforderungen nicht gerecht werden konnte. Keineswegs sogar! Dass meine Aufgaben großteilig eher unterfordernd waren, hatte ich ja bereits thematisiert. Es war vielmehr das Gefühl, ständig bereit stehen zu müssen, jede noch so unwichtige Information als E-Mail per cc weitergeleitet zu bekommen und auch am Wochenende noch mit kleinen Ärgernissen konfrontiert zu werden.*

Im Urlaub ist mir jetzt endgültig das Hemd geplatzt. Und das nicht wegen des guten Buffets. Ich wünschte, es wäre so. Nein! Leider habe ich mich einfach pausenlos wie verrückt aufgeregt. Denn selbst im Urlaub habe ich ständig irgendwelche unsinnigen Anfragen bekommen, die meine Chefs und Kollegen auch locker hätten allein beantworten und erledigen können. Und dafür hätte es wirklich nur minimaler Anstrengung bedurft. Ich hatte ja sogar eine Aufgabenvertretung.

Egal, ich weiß schon, was Sie jetzt denken! ,Warum nimmt der Berger denn überhaupt sein Handy mit, wenn er mal abschalten will? Und wieso um Himmels Willen macht er es dann nicht wenigstens aus, wenn es ihn nach dem ersten Anruf so stört?'

Naja, so einfach ist das inzwischen gar nicht mehr. Kann ja sein, dass ich abhängig bin von meinem Outlook, aber dazu wirst du halt auch ein Stückweit gebracht. Und so liegt der Fehler aus meiner Sicht schon beim ersten Anschalten. Hast du einmal geantwortet, rieselt es unaufhörlich wie in einer Sanduhr hinterher. Eine E-Mail, zwei E-Mails, drei E-Mails … schrecklich.

Und sind wir mal ehrlich, hatte irgendeine der Aufgaben, die unbedingt in meinem Urlaub erledigt werden mussten, irgendeinen langfristigen Nutzen? Nein, natürlich nicht. Tatsächlich ist das meiste bereits vor meiner Wiederkehr einfach in die Tonne gewandert oder wurde zumindest doch nicht mehr so heiß gegessen, wie es noch unbedingt gekocht werden musste.

Ich habe manchmal das Gefühl, dass grundsätzlich etwas in unserer Arbeitswelt absurd geworden ist. Ich meine, ich sehe das ja auch an meinen Bekannten oder bei meiner Freundin. Alle sind auf Abruf. Arbeit und Leben verschmelzen miteinander. Man hat ja gar keine Zeit mehr, sinnvoll zu reflektieren, geschweige denn sich zu erholen oder bewusst mit privaten Themen zu beschäftigen. Zumindest nicht ohne Nebengeräusche. Und dann reden alle von Mindfulness … pfffff.

Die Wahrheit ist: Work eats life for breakfast. Und das, ohne dass jemand mal einen Riegel vorschiebt.

Nicht mit mir, dachte ich nach meinem Urlaub. Ich bin clever genug, um das System auszuspielen! Die Devise lautet: Nur noch DnV – Dienst nach Vorschrift. Ich dachte, das könnte es sein, war mir sicher, den goldenen Gral des Work-Life-Verhältnisses gefunden zu haben. Dass dies natürlich kompletter Humbug war, musste ich recht schnell feststellen, Denn DnV entspricht so gar nicht meinem Naturell, sodass ich es sofort wieder fallen gelassen habe. Immerhin: Einen Versuch war es wert.

Aber ganz im Ernst: So eine Nummer wie DnV macht mich nur noch unzufriedener, und die Idee, dass das weniger anstrengend sei, ist auch eine Illusion. Die permanente Selbstkasteiung, um nur den Aufgaben, die im Arbeitsvertrag beschrieben werden, zu entsprechen, und nicht länger im Unternehmen zu sein, als es die vorgesehene Wochenstundenzahl vorgibt. Das ist organisatorischer Stress und ein permanentes Pendeln zwischen immer noch Burn-out-Symptomen und jetzt neu dazugekommenen Bore-out-Symptomen. Aber irgendwie muss man sich doch schützen können, wenn es schon das Unternehmen nicht macht. Es muss ja eine Lösung geben. Irgendwas, das besser ist als nur Leben gleich Arbeit. **"**

Burn-out! Die Angstdiagnose für jeden Mitarbeiter, die noch viel zu oft für persönliches Versagen im Job steht. Immer wieder kommt es zu Fällen, bei denen Mitarbeiter dem Leistungsdruck auf der Arbeit nicht standhalten können, persönliche Grenzen überschreiten und sich als Konsequenz dieser psychologischen Erkrankung ausgesetzt sehen. Allen Signalen zum Trotz werden Überstunden angehäuft, es wird auch im Urlaub gearbeitet oder gänzlich auf diesen verzichtet, obwohl längst klar ist: Zu viel Arbeit macht krank. Die Bundesanstalt für Arbeitsschutz und Arbeitsmedizin (BAuA) berichtet, dass bis zu 75 % der Mitarbeiter, die bis spät in die Nacht arbeiten, Verdauungsprobleme bzw. Magenschmerzen haben, und sogar bis zu 90 % dieser Mitarbeiter unter Schlafstörungen leiden.[1] Unter einem solchen Ungleichgewicht leiden nicht nur die Mitarbeiter, sondern auch die Unternehmen. Die TU Darmstadt zeigt im Rahmen ihres Work-Life-Balance-Monitors auf, dass in diesem Szenario die Qualität der Arbeitsleistung stark sinkt und vermehrt schlechte Entscheidungen getroffen werden.[2]

Trotz dieses Wissens ist Burn-out keine Seltenheit mehr. Im Gegenteil: Bis vor wenigen Jahren als „Modeerkrankung" für die Schwachen der Gesellschaft denunziert, hat sich die Zahl der inzwischen anerkannten psychologischen Erkrankung laut einer DAK Umfrage seit 2006 nahezu *verzwanzigfacht*.[3] In Japan gibt es sogar ein Wort für den Tod durch Überarbeitung: Karoshi. Als 2016 eine 24-Jährige starb, weil sie bei der japanischen Werbeagentur Dentsu in einem Monat 105 Überstunden gemacht hatte, rief der Premierminister Shinzo Abe ein Arbeitsreform-Panel ins Leben, um japanische Arbeitnehmer dazu zu bringen, mehr Freizeit zu nehmen.[4] Doch wie konnte es soweit kom-

♥

men? Das Arbeiten ist heute doch sicherer und menschengerechter als je zuvor. Für den allgemeinen und sozialen Arbeitsschutz treten Gesetze, Organe und Gewerkschaften ein und dennoch scheinen wir vermehrt unter unserer Arbeit zu leiden. Und wofür das Ganze?

> „Wir scheinen Jobs zu machen, die wir hassen,
> um Dinge zu kaufen, die wir nicht brauchen,
> mit Geld, das wir nicht haben,
> um Menschen zu imponieren, die wir nicht mögen."
> – *Tyler Durden, Fight Club*

Das Zitat aus dem Film „Fight Club" beschreibt das Problem sehr treffend: Oftmals wird die Arbeit und der damit einhergehende Status und Konsum zum Ersatz für soziale Beziehungen, Familie oder die eigene Sinnessuche. Die Gefahr der Überarbeitung besteht heute mehr dann je, da viele Mitarbeiter aufgrund der zunehmenden Vernetzung ständig mit der Arbeit verbunden sind. Selbst im Urlaub, so das Ergebnis der US-amerikanische Studie „Time Off", gehen nur 14 % der Manager wirklich offline. Unter Top Managern halbiert sich die Zahl sogar auf winzige 7 %. Die Mehrheit wirft dabei mindestens einmal am Tag einen Blick auf ihr Firmenhandy oder den Laptop.[5] Oftmals getrieben von der Angst, dass der Arbeitsberg nach der Rückkehr sie sonst förmlich erdrücken wird.[6]

Diese zunehmende Entgrenzung von Arbeit und Freizeit, die auch als „Work-Life-Blending" bezeichnet wird, wird von einigen Unternehmen sogar aktiv gefördert. Dazu gehören insbesondere die oftmals als „Top-Arbeitgeber" ausgezeichneten US-Technologieunternehmen wie Google oder Facebook, aber auch Adidas in Deutschland. Auf dem „Campus" dieser Unternehmen findet das Frühstück mit den Kollegen statt, in der Mittagspause wird Sport gemacht, um nach getaner Arbeit auch den Feierabend mit den Kollegen am Kickertisch oder an der unternehmenseigenen Bar verbringen zu können. Diese Traumarbeitgeber positionieren sich mit gratis Essen und Getränken, Sportplatz, Swimming-Pool, Fitness-Bereichen, modernsten Büros, Kindertagesstätten, Arztpraxen und sogar Übernachtungsmöglichkeiten. Das Resultat: In 2018 landeten Adidas und Google in einer Studie des Focus-Magazins in Zusammenarbeit mit der Job-Bewertungsplattform kununu auf den ersten beiden Plätzen der beliebtesten Arbeitgeber in Deutschland.[7]

Aber Achtung: Gerade in einer solchen „Rundumbetreuung" wie bei den Top-Arbeitgebern muss ein Mitarbeiter die Arbeit nie mehr verlassen. Das kann im Extremfall dazu führen, dass die Mitarbeiter systematisch aus ihren alten Freundes- und Familienkreisen ausgegrenzt werden.[8] Die zusätzliche Entwicklung von Ritualen und einer eigenen Firmensprache festigen das Bild einer großen Familie. Und wenn die Arbeit zur Familie wird, wofür braucht man dann eigentlich noch eine Familie zu Hause? Mitarbeiter bewegen sich im Extremfall nur noch in ihrer Arbeitsglocke, werden eindimensional, weil sie sich nur noch mit ähnlichen Menschen treffen und gewöhnen sich daran, dass für sie gesorgt wird, ohne sich selbst zu viele Gedanken machen zu müssen.[9] Im Buch „The Circle" beschreibt der Autor Dave Eggers dieses Phänomen anhand eines an Google angelehnten, fiktiven Unternehmens in der Zukunft:

> „Das hier soll ein Ort der Arbeit sein, klar, aber es sollte auch ein Ort der Menschlichkeit sein. Und das bedeutet die Förderung von Gemeinschaft. Besser gesagt, es muss eine Gemeinschaft, eine Community, sein. Das ist einer unserer Slogans, wie du wahrscheinlich weißt: Community First."
> – *Dave Eggers*

Dieser Slogan klingt dabei wie in einem modernen Unternehmen der Gegenwart – doch der Rest des Buches zeigt, wohin diese Entgrenzung im Extremfall führen kann. Die Arbeit frisst sich allmählich in die Privatsphäre, bis letztendlich das gesamte Privatleben von der Arbeit eingenommen wird. Das besonders Paradoxe dabei ist, dass die Mitarbeiter sich oft selbst die Schuld dafür geben, wenn sie in diesem Umfeld überfordert werden. Schließlich tut der Arbeitgeber ja augenscheinlich alles dafür, dass es den Mitarbeitern gut geht.

Arbeitnehmer *und* Arbeitgeber sollten hier gleichermaßen aufmerksam sein und frühzeitig Grenzen setzen. Dies liegt auch im Interesse des Unternehmens. Schließlich kann eine derart gestaltete, (eigentlich) positive Arbeitsumgebung die Zufriedenheit des Mitarbeiters und damit auch dessen Leistung für das Unternehmen nur dann nachhaltig steigern, wenn keine zu starke Selbstüberforderung der Mitarbeiter eintritt. Besondere Vorsicht ist diesbezüglich bei den sogenannten „insecure overachievers" (zu deutsch: unsichere Überflieger) geboten. Denn diese Personengruppe, die in der Karriere viel erreichen möchte (und kann), steigert durch Mehrarbeit das eigene Selbstwertgefühl. Und neigt entsprechend stärker dazu, sich in einem solchen Szenario ganz der Arbeit hinzugeben – mit möglichen sozialen und gesundheitlichen Konsequenzen.[10]

In der Folge ist es wenig verwunderlich, dass die Forderungen nach einer gesunden Work-Life-Balance mit klarer Trennung von Arbeits- und Privatleben immer lauter werden. In 2017 ermittelte das Karriereportal Stepstone, dass eine gute Work-Life-Balance für 81 % der Berufseinsteiger wichtig ist. Ein deutliches Ergebnis verglichen mit der Zustimmung von 58 % bei Unternehmenskultur oder 48 % zum ansprechenden Büro. Dabei ist Work-Life-Balance für viele nicht nur eine romantische Vision des Arbeitslebens, sondern der Kern für eine nachhaltige Karriere, wie Brian Dyson, ehemaliger COO von Coca-Cola, bemerkt:

♥

> „Stellen Sie sich vor, das Leben sei die Kunst des Jonglierens
> mit 5 Bällen: Arbeit, Familie, Gesundheit, Freundschaft und
> Spiritualität müssen in der Luft gehalten werden. Schnell werden
> Sie verstehen, dass die Arbeit ein Gummiball ist. Wenn Sie ihn
> fallen lassen, springt er wieder hoch. Aber die anderen bestehen
> aus Glas! Wenn einer davon herunterfallen sollte, wird er zerkratzt,
> angebrochen, beschädigt oder sogar komplett zerbrochen.
> Daran müssen Sie denken, wenn Sie ihr Leben balancieren."
>
> *– Brian Dyson*

Die Beschäftigung mit der Work-Life-Balance ist zunächst nichts Neues, sondern seit der Industrialisierung gang und gäbe. Frei nach dem Motto „erst die Arbeit, dann das Vergnügen" hatten Arbeiter schon damals eine klar vereinbarte Anwesenheitszeit und konnten danach tun, was sie wollten. Das gleiche System hat sich auch in den Büros dieser Welt durchgesetzt, in denen die Stechuhr Anfang und Ende der Arbeit bestimm(t)en. Gibt es die Lösung aller Probleme also eigentlich schon seit über 100 Jahren?

Tatsächlich zeigt ein Blick in deutsche Konzerne, dass diese bereits versuchen, das Prinzip einer klaren Trennung von Arbeit und Freizeit in die Gegenwart zu retten. So zum Beispiel der Automobilhersteller Daimler, der seinen Mitarbeitern eine besondere Form der Abwesenheitsnotiz anbietet: Erhält der Mitarbeiter während seines Urlaubs eine E-Mail, wird der Sender darüber informiert, dass die E-Mail automatisch vom System gelöscht wurde. Es wird zwar ein Notfallkontakt angegeben, aber insbesondere darauf hingewiesen, ab welchem Zeitpunkt der Daimler-Mitarbeiter wieder zur Verfügung steht. So wird nicht nur der Stress während des Urlaubs genommen, sondern gleichzeitig die anschließende Rückkehr in den Arbeitsalltag durch ein leeres E-Mail-Postfach versüßt.[11]

Solche Maßnahmen können sicherlich dabei helfen, Mitarbeiter vor Überlastung zu schützen. Doch erinnert dies eher an die Vergangenheit des Arbeitslebens, das sich durch „Dienst nach Vorschrift", Betriebsurlaube und Stechuhren auszeichnete. Ist es also doch nur das letzte Zucken der alten Arbeitswelt? Nicht ganz, denn überraschenderweise sind es einige junge, schnell wachsende Unternehmen, die eine solche Trennung von Arbeit und Freizeit noch weiter auf die Spitze treiben.

Eine bekannte Erfolgsgeschichte für die strikte Einhaltung einer nachhaltigen Work-Life-Balance ist das US-amerikanische Unternehmen Tower, das Stand-up-Paddle-Boards herstellt. Das Unternehmen war in 2015 eines der am schnellsten wachsenden Unternehmen der USA. Mit nur zehn Mitarbeitern erreichte das aufstrebende Team einen Umsatz von knapp 9 Millionen US-Dollar. Das Erfolgsgeheimnis für diese Effektivität sieht der Gründer und Geschäftsführer Stephan Aarstol vor allem in der Restrukturierung der Arbeitszeit seiner Mitarbeiter: So entschied er sich dafür, allen Mitarbeitern einen Fünfstundentag zu verschreiben. Diese Maßnahme führte zum einen zu einem stärker ergebnisorientierten Fokus. Zum anderen sicherte es den Mitarbeitern eine gesunde Work-Life-Balance, sodass sie dem Lifestyle nachgehen konnten, den das Unternehmen mit seiner Trendsportart verkauft. Die Mitarbeiter wurden glücklicher und produktiver und somit profitierte am Ende das ganze Unternehmen.[12]

Ein weiteres Beispiel liefert der kanadische Entrepreneur und Buchautor Neil Pasricha, der sich in Bezug auf sein Luftfahrtunternehmen die folgende Frage stellte: „Was passiert, wenn jeder meiner Mitarbeiter sich alle sieben Wochen eine komplette Woche frei nimmt?" Pasricha schickte seine Mitarbeiter damit sozusagen in eine moderne Form des Betriebsurlaubes. Sein Unterfangen hat er so ernst genommen, dass jeder Mitarbeiter, der in der freien Woche Kollegen im Büro kontaktiert hat, egal ob via E-Mail, Telefon, Whatsapp oder Slack, als Strafe Gefahr lief, für diese Woche kein Gehalt ausgezahlt zu bekommen. Nach einigen Monaten wurden die Mitarbeiter befragt und Ergebnisse ausgewertet. Die Kreativität stieg um 33 %, die Zufriedenheit um 25 % und sogar die Produktivität ist nach Ermessen der Mitarbeiter um 13 % angestiegen.[13] Trotz des überraschend positiven Ergebnisses leitete das Team im Anschluss an den ersten Testlauf zwei wesentliche Verbesserungsvorschläge ab: Erstens sollte auf Wunsch der Mitarbeiter der Abstand zwischen den „Zwangsurlauben" eher 8 bis 12 Wochen sein. Diese wollten also *freiwillig* mehr arbeiten, um ihre Aufgaben besser erfüllen zu können. Und zweitens sollte mindestens eine Woche Puffer zwischen den Abwesenheiten einzelner Teammitgliedern eingeplant werden. Denn gerade bei Aufgaben, die im Team erledigt werden, sei es von Nachteil, wenn diese direkt nacheinander in den „Betriebsurlaub" gingen.[14] Davon abgesehen, war die erzwungene Work-Life-Balance aber anscheinend ein voller Erfolg.

Full Contact, ein Technologieunternehmen aus den USA, zeigt sich ebenfalls kreativ beim Urlaubszwang und bietet seinen Mitarbeitern „bezahlten, bezahlten Urlaub". Dazu erhält jeder Mitarbeiter 7500 US-Dollar, die für eine Urlaubsreise verwendet werden müssen. Selbstverständlich ist das Arbeiten während dieser Reise absolut verboten. Durch das zusätzliche Budget wird sichergestellt, dass der Urlaub wirklich zum Wegfahren genutzt wird. Und klare Regeln sorgen dafür, dass in dieser Zeit tatsächlich nicht gearbeitet wird. Neben grundsätzlich gesünderen Mitarbeitern hat diese Urlaubsstrategie laut des Unternehmensgründer Bart Lorang noch weitere Vorteile. Die Programmierer dokumentieren ihre Arbeit besser und teilen ihr Wissen während der Arbeitszeit sorgfältiger mit den Kollegen, da sie schließlich während des Urlaubs nicht erreichbar sind. Dadurch wurden die direkten Reports verbessert und wichtige Entscheidungen können heute schneller getroffen werden.[15]

Wie die beschriebenen Fälle zeigen, kann ein Zwang zur Trennung von Arbeit und Leben also durchaus für eine gesündere Work-Life-Balance sorgen. Doch es bleibt die Frage, ob eine solch „erzwungene" Trennung den Anforderungen

♥

der neuen Arbeitswelt tatsächlich gerecht wird. Könnte es in wissensbasierten und kreativen Tätigkeiten nicht sinnvoller sein, eine flexiblere Trennung zwischen Arbeit und Freizeit anzustreben, die dem selbstbestimmten Mitarbeiter überlassen bleibt? Denn vielleicht möchte dieser ja lieber einmal länger Urlaub machen, statt alle sieben Wochen gezwungenermaßen. Oder an einem Tag zehn Stunden arbeiten und am nächsten gar nicht, statt jeden Tag fünf Stunden. Außerdem hat er vielleicht nicht so klar planbare Aufgaben, dass diese jeweils in eine statisch getrennte Work-Life-Struktur passen.

Gerade junge Unternehmen agieren oftmals bereits mit einer flexibleren Work-Life-Balance. Der Open-Source Technologieanbieter Travis CI aus Berlin hatte sich beispielsweise dafür entschieden, seinen Mitarbeitern unendlich viel Urlaub im Jahr anzubieten. Statt den Mitarbeitern vorzuschreiben, wie viel Urlaub sie nehmen können, durfte jeder Mitarbeiter individuell für sich selbst entscheiden, wie oft er an den Strand oder in die Berge fahren möchte.

Das klingt erst einmal großartig für den Mitarbeiter – die Realität offenbart jedoch das genaue Gegenteil. Denn entweder die Mitarbeiter vergessen, überhaupt Urlaub zu nehmen oder sie wissen schlichtweg nicht, wie viel Urlaub angemessen ist und nehmen eher weniger als vorher. Gewinner einer solchen Maßnahme sind am Ende also nicht die Mitarbeiter, sondern vielmehr die Arbeitgeber: Denn fleißige Mitarbeiter arbeiten in diesem Fall ohne (Urlaubs-)Pause.

Dass dies kein nachhaltiges Modell sein kann, wird bei näherem Hinsehen schnell klar. Schließlich beuten sich die Mitarbeiter hier systematisch selbst aus, mit der Gefahr, zu erkranken oder das Unternehmen zu verlassen. In jedem Fall aber können sie nicht dauerhaft eine hohe Leistung bringen, wenn sie wieder in das unkontrollierte Work-Life-Blending zurückfallen. Damit schadet sich der vermeintlich großzügige Arbeitgeber also schlussendlich selbst.[16]

Trotz der möglicherweise fatalen Konsequenzen ist diese Methode keine Seltenheit mehr. Internationale Unternehmen wie Virgin, Netflix, Evernote oder Expedia bieten ihren Mitarbeitern an, selbst zu entscheiden, wann und wie viel Urlaub sie machen möchten. Auch während der Arbeitszeit sind solche Flexibilitäten in vielen Unternehmen mit Vertrauensarbeitszeit oder dem Wegfall von Anwesenheitspflicht inzwischen selbstverständlich. Doch funktionieren sie eben nur dann, wenn der Mitarbeiter es selbst schafft, Grenzen zu setzen, um sich im enthemmten Work-Life-Blending nicht zu verlieren.

Halten wir fest: Die klassische Work-Life-*Balance,* also die *strikte* Trennung von Arbeit und Leben, tritt aufgrund neuer Kommunikationstechnologien und sich verändernder Unternehmens- und Mitarbeiterbedürfnisse immer stärker in den Hintergrund. An ihre Stelle treten die *flexible* Trennung von Arbeit und Leben – bis hin zum Work-Life-Blending, bei dem die Grenzen sich vollständig aufgelöst haben. Dies entspricht zwar zunächst vermeintlich moderner Arbeit, macht jedoch auch vermehrt krank. Steuern wir also zunehmend in eine Sackgasse?

Nicht unbedingt. Denn es existiert durchaus ein Weg, um Work-Life-Blending positiv zu gestalten. Und dieser Weg heißt: Sinngebung! So finden beispielsweise Ärzte oftmals einen übergreifenden Sinn in ihrer Arbeit mit den Patienten. In der Konsequenz leidet diese Berufsgruppe, laut einer Studie des Marburger Bundes (MB) Bayern, nicht stärker unter klinisch relevanten, psychisch depressiven Symptomen als der Durchschnitt der deutschen Bevölkerung – und dies, obwohl sie dafür prädestiniert wäre: Ärzte schlafen statistisch gesehen überdurchschnittlich schlecht, können nach Feierabend kaum abschalten und geraten oft in Stresssituationen mit hoher emotionaler Belastung.[17]

Auch in nicht-sozialen Berufen können Menschen Sinn in ihrer Arbeit finden. So zum Beispiel die Mitarbeiter eines Unternehmens wie *Tesla* durch eine gemeinsame, motivierende Vision. Das aufstrebende Automobilunternehmen ist bekannt für seine ambitionierten Unternehmensziele und vereint die Mitarbeiter unter den Zielen des Unternehmers Elon Musk, der keine Mühen scheut, um für eine nachhaltige Zukunft „grüne" Energieressourcen und „saubere" Transportmittel zu schaffen. Und genau diesen Enthusiasmus teilt die gesamte Belegschaft, vom Manager bis zum Mitarbeiter in der Produktion, mit Stolz, wie ein Fabrikarbeiter in einem Interview mit The Guardian berichtet: *„Wir verändern die Welt. Ich kann es nicht erwarten, bis meine Enkeltochter einmal in der Schule sagen wird ‚Mein Großvater hat dort gearbeitet'."* Ideale wie dieses können Menschen zu Höchstleistungen bewegen, ohne dass sie dabei ausbrennen, wenngleich hier natürlich eine große Verantwortung beim Arbeitgeber liegt, ein solches Szenario nicht auf Kosten der Mitarbeiter auszunutzen.[18]

Auch das kalifornische Unternehmen Patagonia, welches nachhaltige Outdoor-Bekleidung herstellt und mit den Gewinnen unter anderem die Umwelt der namensgebenden Region in Südamerika schützt, ermöglicht seinen Mitarbeiter (potenziell) eine „Sinn"-volle Tätigkeit. Laut „The Washington Post" besuchen viele Unternehmer die Firmenzentrale in Ventura, um das Erfolgsgeheimnis dieses stark wachsenden Unternehmens zu erfahren. So auch Neil Blumenthal, einer der Gründer von Warby Parker, einem Brillenhändler aus den USA. Im Austausch mit der Patagonia Geschäftsführerin, Rose Marcario, waren sich beide einig, dass nachhaltiges Unternehmenswachstum nicht trotz, sondern gerade wegen des Fokus auf eine nachhaltige Welt und zufriedene Mitarbeiter erreicht wird, da diese den Mitarbeitern einen übergreifenden Sinn in der Arbeit gibt. Beide Unternehmen bieten ihren Mitarbeitern die Möglichkeit, spontanen Freizeitaktivitäten nachzugehen, ob es Surfen im Ozean, Ausflüge in Nationalparks oder Zeit für die Kinder auf dem Spielplatz ist. Gleichzeitig wird aber auch Gutes für die Welt getan: Warby Parker spendet mit jedem gekauften Produkt Geld für Bedürftige. Und Patagonia erhebt im Rahmen der hauseigenen Kampagne „1 % for the Planet" eine eigens berufene Steuer von einem Prozent des Umsatzes, die für Initiativen eingesetzt wird, welche der Erhaltung und Wiederherstellung der Umwelt dienen.[19] Das vereint nicht nur die Mitarbeiter, sondern auch die Kunden und stärkt das Unternehmen auf diese Weise nachhaltig.

♥

Natürlich ist es besonders inspirierend, einen Blick auf weltverbessernde Unternehmen zu werfen, in denen sinnvolle Arbeit und somit positives Life-Work-Blending potenziell einfach(er) möglich ist. Aber was ist mit denjenigen Mitarbeitern, die nicht das Glück haben, in einem Unternehmen zu arbeiten, das so augenscheinlich Positives schafft?

Die Auseinandersetzung mit dieser Frage führt zu einer Lösung, die in den folgenden Worten von Fritjof Bergmann, dem Begründer des Begriffes „New Work", Ausdruck findet und theoretisch bei jedem arbeitenden Menschen zur Anwendung kommen kann:

> „Nicht wir sollten der Arbeit dienen, sondern die Arbeit sollte uns dienen. Die Arbeit, die wir leisten, sollte nicht all unsere Kräfte aufzehren und uns erschöpfen. Sie sollte uns stattdessen mehr Kraft und Energie verleihen, sie sollte uns bei unserer Entwicklung unterstützen, lebendigere, vollständigere, stärkere Menschen zu werden."
> – Fritjof Bergmann

Paradoxerweise verschmelzen in diesem Szenario also Leben und Arbeit noch weiter, jedoch nicht unbedingt zeitlich, sondern eher „innerlich". Frithjof Bergmann sieht als wichtigen Bestandteil dieser Lösung, dass der Alltag mit einer Arbeit gefüllt wird, zu der man sich persönlich berufen fühlt und die man „wirklich, wirklich machen will". Denn auf diese Weise unterstützt die Arbeit automatisch die Selbsterfüllung im Leben. Leben und Arbeit werden harmonisch vereint, es entsteht eine Work-Life-*Harmonie*. Wie beim Work-Life-Blending verschwimmen zwar auch hier die Grenzen, jedoch nicht zu Ungunsten der einen oder anderen Seite. Vielmehr unterstützen und verstärken sich beide Seiten gegenseitig.

Detecon: Erfüllung durch einen vollen Terminplan?

„Welchen Sinn macht das, was ich tue? Was wird überdauern von mir und meiner Arbeit? Work-Life-Harmonie hängt von den Antworten auf diese Fragen ab, nämlich wie Leben und Arbeit definiert und zusammengebracht werden. Für mich liegt die Antwort darin, möglichst viel Freude an den Tätigkeiten zu haben, mit denen ich mein Leben fülle. Das umfasst die Zeit, die ich mit meiner Familie verbringe genauso wie eigene Hobbys, inspirierende Diskussionen mit Kunden und Kollegen oder die Lösung einer kniffligen Problemstellung. Eine Unterscheidung von ‚Work' und ‚Life' macht daher für mich überhaupt keinen Sinn. Aber definiert sich Arbeit nicht gerade dadurch, dass sie keinen Spaß macht? ‚Erst die Arbeit, dann das Vergnügen' heißt es doch schließlich.

Gerade in vielen Großkonzernen, Beratungen oder Kanzleien gilt das Credo: Wer viel und lange arbeitet und mit Augenringen und merklichen Alterungsprozessen im Büro sitzt, der hat einen guten Posten verdient. Also wird der gesamte Tag mit Meetings gefüllt, die Vor- und Nachbereitung findet auf dem Arbeitsweg statt, und für die konzeptionelle Arbeit verbleiben noch die Nächte und Urlaube. Das Ergebnis: Erfüllung durch eine maximale Füllung des Kalenders.

Dieses klassische ‚Arbeit vs. Leben'-Paradigma stammt jedoch aus einer Zeit, in denen Menschen vor allem langwierige und repetitive Aufgaben übernommen haben und das eigentliche ‚Leben' mit „Erholung" in der Freizeit zu erfolgen hatte. Im digitalen Zeitalter sind dagegen soziale Intelligenz und Kreativität die zentralen Fähigkeiten für den Erfolg von Mitarbeitern und Unternehmen. Für diese werden breite Interessen, ein großes Netzwerk sowie eine Balance zwischen Ruhe- und Aktivitätsphasen benötigt. Aktivitäten, die früher in die ‚Freizeit' fielen, sind jetzt der entscheidende Treibstoff für den Erfolg eines Unternehmens.

Das ist jedoch kein Selbstläufer und erfordert gutes Selbstmanagement. Ehemals getrennte Arbeits- und Freizeitaktivitäten müssen zukünftig flexibel kombinierbar sein, und zwar für jeden einzelnen Mitarbeiter. Die Führungskraft oder der Gesetzgeber können hierfür lediglich einen sinnvollen Rahmen vorgeben."

Marc Wagner
Als Managing Partner der Unternehmensberatung Detecon ist Marc Wagner verantwortlich für die Practice New Work & Company Rebuilding.

Die Herausforderung besteht nun darin, eine Tätigkeit zu finden, die diesem Anspruch tatsächlich gerecht wird. Dafür gibt es unterschiedliche Wege. In Japan gibt es ein Konzept, das sich mit der individuellen Suche nach dem Lebenssinn beschäftigt. Es nennt sich „Ikigai" und beschreibt vier relevante Dimensionen, die miteinander in Einklang zu bringen sind. Es gilt, etwas zu finden, dass *man liebt, von der Welt gebraucht wird, man gut kann* und *das bezahlt wird*. Nur wenn alle vier Punkte erfüllt sind, wird die persönliche Berufung entdeckt und es entsteht das Gefühl der „Lebensinbrunst". Werden beispielsweise nur die ersten drei Punkte erfüllt, gibt es zwar einen Lebensinhalt, der erfüllt und glücklich macht; dieser bietet jedoch nicht die nötige finanzielle Sicherheit. Andersherum: Wären also die letzten drei Punkte erfüllt, verfügte das Individuum zwar über ein komfortables Leben, hätte jedoch eine innere Leere ohne Leidenschaft für das Tun.

Ikigai – Japanisches Konzept der individuellen Suche nach dem Lebenssinn[20]

In einer groß angelegten Studie, bei der über 3000 Todesfälle untersucht wurden, stellte sich heraus, dass Ikigai nicht nur einen positiven Einfluss auf die psychologische, sondern auch auf die physische Gesundheit hat. Probanden, die in ihrem Leben ihr Ikigai nicht fanden, hatten eine signifikant höhere Mortalität als Menschen, die nach dem Konzept des Ikigais Leben konnten.[21]

Eine ähnliche Ansicht vertritt auch der US-amerikanische Professor der Wharton School of Business der Universität von Pennsylvania, Stewart D. Friedman, der dort das Work-Life-Integration Project leitet. Als im Jahr 1987 sein Sohn geboren wurde, begann Friedmann, sich damit zu beschäftigen, wie Menschen die Welt zu einem besseren Ort machen können. Nach nunmehr 30 Jahren Forschung und Tausenden von Interviews, kam er zu dem Ergebnis, dass Personen, die ihre einzigartige Gabe und Leidenschaft identifizieren und nutzen können, auch diejenigen Personen sind, die zufriedenere und erfolgreichere Leben führen.

Der Weg dorthin führt, laut Friedman, über eine bewusste Integration von Arbeit und Privatleben. Dazu müssen die folgenden vier Domänen erfolgreich vereint werden: Arbeit/Schule, Zuhause/Familie, Netzwerk/Gesellschaft und das „Ich" mit der Privatsphäre des Körpers und Geistes. Nur wenn alle diese Lebensbereiche als Ganzes betrachtet und miteinander in Einklang gebracht werden, kann ein so genanntes „Vier gewinnt" entstehen. Und von diesem profitieren wiederum alle Bereiche im Einzelnen. In seinem Buch „Leading the Life You Want: Skills for Integrating Work and Life" beschreibt er anhand von drei Kernaussagen, wie diese harmonische Integration der verschiedenen Lebensbereiche erreicht werden kann:

1. *Sei echt:* Handle mit Authentizität, abhängig von dem, was dir am wichtigsten ist.
2. *Sei vollständig:* Handle mit Integrität, als Ganzes.
3. *Sei innovativ:* Handle mit Kreativität durch kontinuierliches Experimentieren.

Rheinische Post Mediengruppe: Weg von der Diskrepanz zwischen Handeln und Haltung

„Work-Life-Harmonie halte ich für den wichtigsten Aspekt in der (neuen) Arbeitswelt, denn Arbeit ist ein integraler Bestandteil des Lebens. Nützlich zu sein und einen Beitrag zu leisten, ist im Menschen verankert und macht ihn zufrieden. Dabei wurde und wird leider der Gradmesser für die ‚Nützlichkeit' der individuellen Arbeit häufig am Bankkonto gemessen. Wenn man in seiner eigenen Arbeit jedoch keinen Nutzen sieht, der über das Gehalt hinausgeht, tritt Ermüdung ein, die zu zweierlei Effekten führen kann. Einerseits distanziert man sich äußerlich von der Arbeit. Man macht ‚Dienst nach Vorschrift', geht nach Hause und will nichts mehr vom Job wissen. Feierabend!

Schwerwiegender ist andererseits die innere Distanz. Sie führt zu einer Diskrepanz zwischen Handeln und innerer Haltung. Das Gegenteil davon ist Authentizität als Harmonie zwischen eigener, innerer Einstellung, der persönlichen Haltung und dem Sinn und Inhalt der Arbeit. Dann kann man auch auf eine scharfe Trennung von ‚Work' und ‚Life' verzichten. Ohne diese Harmonie wird eine solche Entgrenzung jedoch schnell zur Belastung.

Ich habe dies persönlich erfahren müssen. 2010 merkte ich, dass es nicht mehr geht und habe dennoch immer weiter versucht, es allen recht zu machen. Dann kam die Diagnose: Burn-out! Doch daraus schöpfte ich auch die Kraft, etwas zu verändern. Ich nahm mir für drei Monate eine Auszeit und begann, mich mit den Ursachen auseinanderzusetzen: Was gibt mir Kraft? Was kostet mich Kraft?

Im Laufe der Zeit habe ich gemerkt, dass ich unglaublich viel Kraft verbrauche, wenn ich gegen meine Überzeugungen, Werte und Einstellungen handle. Authentisches Handeln, also die Übereinstimmung des eigenen Handelns mit der inneren Überzeugung, ist so für mich zur Leitlinie geworden.

Alle Erkenntnisse aus diesem, hier nur sehr kurz beschriebenen, doch in Wirklichkeit sehr langen Findungsprozess, führten zu einem deutlich anderen Führungsverhalten. Ich gehe heute viel persönlicher auf die Menschen ein, was ich für eine Zusammenarbeit und meine Führungsaufgaben für unbedingt notwendig erachte. Entsprechend hoch ist inzwischen mein Coaching-Anteil in der Führung. Ich versuche, Mitarbeiter dabei zu unterstützen, ihre Stärken zu entwickeln und ihre Ziele zu verfolgen. Dazu musste ich aber auch lernen, auf mich selbst zu hören. Achtsamkeitstraining ist bis heute ein wichtiger Baustein meines Lebens. Eine humanistische, menschenfreundliche Grundhaltung ist mir dabei sehr wichtig, in welcher Person und Aufgabe zwar getrennt betrachtet werden müssen, aber dennoch im Einklang stehen."

Michael Kiesswetter
ist Geschäftsführer der RP AdLog GmbH, einem Tochterunternehmen der Rheinische Post Mediengruppe.

Auch wenn das Handeln nach den von Friedman beschriebenen Kernaussagen, genauso wie die Suche nach dem Ikigai, in der persönlichen Verantwortung jedes Einzelnen (Mitarbeiters) liegt, kann auch das Unternehmen einen relevanten Beitrag zur stärkeren Harmonisierung von Lebenszielen und Arbeit leisten. Denn ein Mitarbeiter kann letztlich nur so echt, vollständig und innovativ handeln, wie das spezifische Unternehmen dies auch zulässt. Und dies schließt auch ein, möglichst individuell auf dessen Bedürfnisse einzugehen – auch außerhalb der Grenzen der Arbeit. Für jeden einzelnen ist ein *Good Job* eben etwas anderes!

WORK-LIFE

GETRENNT				INTEGRIERT
Work-Life-Balance: strikte Trennung von Arbeit & Privatleben	**Work-Life-Flexibility:** flexible Trennung von Arbeit & Privatleben	**Work-Life-Blending:** Entgrenzung von Arbeit & Privatleben	**Life-Work-Blending:** Entgrenzung von Privatleben & Arbeit	**Work-Life-Harmonie:** Privatleben & Arbeit harmonisch verknüpft
Arbeits- und Privatleben sind klar getrennt	Arbeit und Freizeit sind flexibel getrennt	Privatleben geht in Arbeitsleben auf	Arbeitsleben trägt zum Privatleben bei	Arbeits- und Privatleben sind Teil eines Ganzen
z.B. 9-to-5-Job, Job als reine Erwerbsarbeit	z.B. Vertrauensarbeit, individuelle Balance	z.B. Work-Communities, Arbeit als Lebenssinn	z.B. Nutzen der Arbeit für private Ziele & Wünsche	z.B. Selbsterfüllung, „Hobby zum Beruf"

In der Konsequenz gibt es auch in obigem Spektrum kein Besser oder Schlechter. Work-Life-Harmonie (ganz rechts im Spektrum) mag zwar das aktuell erfolgversprechendste Konzept sein, auch dieses kann und sollte aber nicht zum allgemein gültigen Dogma werden. Denn je nach Lebenssituation, persönlichen Bedürfnissen und Lebensentwurf kann auch eine strikte Trennung von Arbeit und Leben durchaus wünschenswert sein. So wird es Mitarbeiter geben, die ihre Tätigkeit als bloße Erwerbsarbeit sehen, und die entweder nach getaner Arbeit keinen Gedanken mehr an diese verlieren möchten, einfach Abstand brauchen oder sich durch die Arbeit eine andere erfüllende Tätigkeit finanzieren. Der Trend zur Flexibilisierung hingegen wird fortbestehen und sich weiter verstärken, sodass eine vermehrte Entgrenzung von Arbeits- und Privatleben entsteht. Wenn dies der Fall ist, können die Konzepte zu einer stärkeren Harmonisierung von Arbeit und Leben dabei helfen, dass ebendiese Entgrenzung schlussendlich einen positiven Effekt auf Mitarbeiter und Unternehmen hat. Denn sofern es den Mitarbeiter gelingt, ein erfüllteres und glücklicheres Leben zu führen wird, wird dies in der Regel auch zu einem nachhaltigeren Erfolg des Unternehmens beitragen.

IMPULSE

1. Wie organisieren Sie Ihr Arbeits- und Privatleben? Getrennt, flexibel, integriert? Was wäre Ihr zukünftiges Wunschszenario? Fragen Sie auch einmal bei Ihren Kollegen bzw. Mitarbeitern nach!

2. Welche Möglichkeiten zur individuellen Work-Life-Organisation bietet Ihr Unternehmen? Was fehlt?

3. Erkennen Sie den Sinn in Ihrer Arbeit? Diskutieren Sie diese Frage auch im Team.

4. Wie würde eine Welt aussehen, in der nicht Sie der Arbeit dienen, sondern die Arbeit Ihnen?

5. Was ist Ihre Leidenschaft? Kann Ihre Arbeit Ihnen dabei helfen, dieser nachzugehen?

6. Was wäre für Sie die perfekte Work-Life-Harmonie? Führen Sie mit Ihrem Team einen „Ikigai"-Workshop durch. Was muss passieren, damit jeder möglichst „in der Mitte" landet?

GENERATION ALL
statt
GENERATION Y

OLIVER BERGER

" *Zum Abschluss möchte ich gerne eine frohe Botschaft verkünden. Das Unternehmen hat endlich verstanden, dass es so nicht weitergehen kann. Ob Arbeitsplatz, Arbeitszeiten oder Führung: Überall wimmelt es plötzlich von neuen Maßnahmen.*

Leider gibt es einen Haken. Eine unergründliche Quelle scheint unserem Vorstand ins Ohr geflüstert zu haben, dass unser derzeit schwieriges, geschäftliches Fahrwasser nur noch von ‚Talenten' aus der Generation Y durchsegelt werden kann. Und so werden sämtliche neue Maßnahmen auch nur auf diese Altersgruppe fokussiert. Ob neues Feedback-Tool, flexible Arbeitszeitenregelungen oder mobiles Arbeiten dank neuer Laptops: Alles nur für die ‚Digital Natives'. Selbst das neu aufgelegte Intrapreneurship-Programm ist altersbeschränkt. Fehlt nur noch, dass hier demnächst ein Türsteher die Ausweise kontrolliert.

Kein Wunder, dass das für Unmut bei der restlichen Belegschaft sorgt. Und diesen Unmut bekommen natürlich auch die jungen Mitarbeiter zu spüren, so dass sie die neuen Angebote lieber gar nicht erst wahrnehmen.

Dabei finde ich die Maßnahmen eigentlich ganz gut. Ich hätte sogar selbst noch ein paar weitere Ideen. Leider wurde ich jedoch nie gefragt. Die ‚New Work'-Ideenworkshops waren nämlich auch nur für die jungen Berufseinsteiger. Zwar gehöre ich noch zu deren Altersgruppe, aber ich bin wohl schon zu lange im Unternehmen, um noch Ideen haben zu dürfen – oder gar Ansprüche. Ich komme mir hier ein bisschen vor wie letztens mit meinem Handyvertrag. Ich bin seit zehn Jahren beim gleichen Provider. Bei diesem gab es neulich für Neukunden dauerhaft zwei Gigabyte pro Monat gratis dazu. Für Bestandskunden gab es: Nichts.

Dies ergibt natürlich weder beim Handy- noch beim Arbeitsvertrag wirklich Sinn. Schließlich lebt ein Unternehmen nicht nur vom Nachwuchs, sondern auch von den bestehen Mitarbeitern.

Nach einigen Beschwerden wurden manche Maßnahmen nun für alle ‚geöffnet'. Ob das die Stimmung verbessern wird, wage ich jedoch zu bezweifeln. Frau Dr. Kaiser, 52, Leitung Gesundheitsmanagement, schien zumindest wenig erfreut über den Kickertisch, der letzte Woche direkt neben ihrem Schreibtisch aufgebaut wurde. Am schlimmsten hat es aber unseren Sachbearbeiter Herrn Schmitz getroffen, der seine Akten immer noch nicht digital zur Verfügung hat. Dieser muss dank des neuen ‚Hot-Desking' nun jeden Tag einen neuen Schreibtisch für sich und seine Akten suchen.

Vielleicht hätte man nicht nur die jungen Generationen, sondern stattdessen die gesamte Belegschaft nach ihren persönlichen Bedürfnissen fragen sollen. Schließlich geht es doch darum, dass alle Mitarbeiter das Gefühl haben, einen guten Job zu haben – und nicht nur eine ausgewählte Gruppe. Am Ende wird es doch immer die Mischung sein, die eine Unternehmung stark macht. Frische und erfahrene Köpfe gleichermaßen. Und zumindest aus meiner Sicht ist eine Organisation auch erst dann wirklich erfolgreich, wenn sie es schafft, selbst in schwierigen Fahrwassern die ganze Besatzung an Bord zu halten. Kulturell und mental. Im Prinzip müsste es deswegen eigentlich heißen: ‚Generation All statt Generation Y'. **((**

Rekrutierung, Motivation, Entwicklung, Führung, Steuerung, Arbeitsplatz und Work-Life-Balance: In den vorhergehenden Kapiteln wurden unterschiedlichste Themen betrachtet, die einen *Good Job* ausmachen können. Doch eine Frage wurde noch nicht beantwortet: Für wen ist ein *Good Job* eigentlich besonders relevant?

Ganz einfach: Für diejenigen Mitarbeiter, die zum einen besonders hohe Anforderungen an ihren Arbeitgeber in Bezug auf den Job stellen (also einen *Good Job* einfordern), und die zum anderen dann auch besonders hohe Leistungen erbringen können (also einen *Good Job* machen). Solche Mitarbeiter wünschen sich flexiblere Arbeitsmodelle und würden dafür oftmals sogar auf Aufstiegschancen verzichten. Urlaub und Telearbeit sind ihnen wichtiger als die Karriere. Sie sind besonders unternehmerisch und wissbegierig und wollen sich ein Leben lang weiterentwickeln.[1]

Würde man diese Aussagen nun einer bestimmten Personengruppe zuordnen wollen, dürfte dies nicht schwerfallen. Schließlich entsprechen diese genau der gängigen Vorstellung der „Generation Y" (auch „Gen Y" oder „Millennials" genannt), welche ca. zwischen 1980 und 1999 geboren wurde. Diese Generation ist im Informationszeitalter mit der rasanten Entwicklung neuer Technologien aufgewachsen. Prestige und Status sind für die Generation Y, die Krieg und Verzicht nie erlebt hat, weniger wichtig als selbstbestimmtes Handeln. Entsprechend neu sind ihre Bedürfnisse in der Arbeitswelt, aber eben auch ihre Fähigkeiten.[2] Sie streben nach Flexibilität und persönlicher Freiheit mit ausgeglichener Work-Life-Balance, fordern viel Anerkennung und Feedback ein und belohnen dies mit unternehmerischem Handeln, Kreativität und digitaler Expertise.[3] Demgegenüber steht unter anderem die zwischen 1965 und 1980 geborene Generation X, die zwar den Zweiten Weltkrieg auch nicht miterlebt hat, sich jedoch jahrelang mit weniger zufrieden geben musste. Kein Wunder also, dass diese Generation noch stärker auf Karriere, Gehalt und materielle Bedürfnisse fixiert ist.[4]

Dies ist natürlich alles nichts Neues, schließlich konnte man diese Beschreibungen bereits seit Jahren in allen Medien lesen. Doch leider stimmen sie gar nicht! Es sind vielmehr Klischees, welche sich durch Daten nicht belegen lassen. So treffen alle der anfangs genannten Aussagen zu flexibler Arbeit,

♥

unternehmerischem Handeln und Wissbegierde stärker auf die vor 1965 geborenen Baby-Boomer zu als auf die Millennials.[5] Dazu wurden vom Personaldienstleister Kelly immerhin 164.000 Arbeitskräfte in 28 Ländern befragt. Auch andere Untersuchungen zeigen, dass die Bedürfnisse der verschiedenen Generationen nicht den gängigen Klischees entsprechen wollen, die seit Jahren verbreitet werden und sich so in den Köpfen verankern.

Laut einer aktuellen Studie von Ernst & Young ist für 61 % der heutigen Studenten ein sicherer Arbeitsplatz das wichtigste Kriterium für ihre Jobwahl. Passend dazu strebt ein Drittel der Generation Y eine Stelle im öffentlichen Dienst an.[6] Eine Befragung von Audi verstärkt dieses Bild. Knapp die Hälfte der hier befragten Personen aus der Generation Y und der ab 2000 geborenen Generation Z geben an, ihr Arbeitsleben bei einem einzigen Arbeitgeber verbringen zu wollen.[7] Auch im Hinblick auf die weitere Arbeitsgestaltung scheinen die Ansprüche der Generation Y eher klassisch zu sein: Nach Sicherheit folgen hier in der oben genannten Umfrage Faktoren wie Gehalt und Vereinbarkeit von Beruf und Familie. Flache Hierarchien und Kollegialität sind hingegen mit 22 % erst an fünfter Stelle zu finden.[8]

Die Bedürfnisse der Generation Y sind also tatsächlich deutlich weniger speziell als es die gängigen Generationen-Klischees hergeben. Tatsächlich sind diese nicht einmal generationsspezifisch. So wird in einer Arbeitsmarktstudie des Personaldienstleisters Orizon festgestellt, dass Baby-Boomer sich, genauso wie die neuen Generationen, zum Beispiel flexible Arbeitszeiten wünschen. Die Aussage, die Generation Y sei völlig anders und würde die Arbeitswelt auf den Kopf stellen, greift also nicht nur zu kurz, sondern ist schlichtweg falsch. Die steigende Erwartungshaltung an Arbeitgeber ist vielmehr ein gesamtgesellschaftlicher Trend und keine Eigenart der 20- bis Ende 30-Jährigen.[9] Wer nur mit der Generation Y argumentiert, und sein Unternehmen schlimmstenfalls nur nach dieser ausrichtet, der missachtet, dass wir in Deutschland inzwischen einen sogenannten *Arbeitnehmer*-Markt haben. Marktverhältnisse also, bei denen die Menschen ihre Bedürfnisse ganz naturgemäß offener als zu Zeiten von *Arbeitgeber*-Märkten äußern. Schlichtweg, weil das Risiko geringer ist, dass man es sich durch seine Wünsche verscherzt.

Selbst wenn die Bedürfnisse ähnlich sind, könnte es sich natürlich trotzdem lohnen, auf die „Digital Natives" der Generation Y und Z zu fokussieren. Schließlich ist ja bekannt, dass diese im Gegensatz zu älteren Generationen über die notwendigen Fähigkeiten verfügen, Technologie im Alltag zu nutzen und kundenzentriert zu denken. So sind Vertreter der Generation Y und Generation Z letztlich prädestiniert für die digitalen Geschäftsmodelle der Zukunft.

So könnte man zumindest meinen. Doch auch hier ist das Bild nicht so eindeutig, wie es sich mancher der Einfachheit halber vielleicht wünscht. Laut der Generation Lifestyle Survey des Marktforschers Nielsen nutzt die Generation X häufiger Social-Media-Kanäle für Geschäftszwecke als die Millennials. Und es sind schlussendlich die Baby-Boomer, die mit deutlichem Abstand Technologien am stärksten in ihren Alltag integrieren. So geben 52 % dieser Gruppe an, dass ihre Abendessen nicht „technologiefrei" sind – in der Generation Z sind dies im Vergleich nur 38 %. Und was ist mit dem Thema Kundenzentrierung? Tatsächlich sind es die Baby-Boomer, die eine fehlende Kundenzentrierung im Unternehmen am stärksten bemängeln – und nicht, wie man vielleicht vermuten könnte, die Millennials.[10]

Egal also ob Bedürfnisse oder Verhaltensweisen, die Generationen wollen einfach nicht ihrem Stereotyp entsprechen. Doch damit nicht genug: Der so oft herbeigeschriebene Generationenunterschied existiert in dieser Form einfach *nicht*. So stellt das Institut für angewandte Arbeitswissenschaften in Düsseldorf nach Auswertung diverser Studien fest, dass die jüngeren Arbeitnehmer sich genauso wie alle anderen Generationen individuell in ihrer Persönlichkeit, ihren Bedürfnissen und Fähigkeiten unterscheiden. *„Ich konnte auf dieser wissenschaftlichen Basis nicht nachvollziehen, woher die pauschalen Zuschreibungen kommen."*, schlussfolgert Studien-Autorin Sibylle Adenauer.[11]

Auf den Punkt gebracht: Das Klischee-Denken über die jeweiligen Generationen und ihre Wertevorstellungen ist überholt. So das zusammenfassende Ergebnis der Studie der Initiative Neue Qualität der Arbeit (INQA) des Bundesarbeitsministeriums mit dem Namen „Wertewelten Arbeiten 4.0". Laut der Untersuchung sind die *individuellen* Wertvorstellungen ausschlaggebend dafür, wie Arbeitnehmer ihre Arbeitswelt bewerten – und nicht der sozialdemografische Hintergrund. Dabei sind über alle Generationen hinweg Bedürfnisse wie Sicherheit (30 %), Wertschätzung (15 %), Work-Life-Balance (14 %), Effizienz (11 %) oder Selbstverwirklichung (10 %) relevant. *„Egal ob Weiblein oder Männlein, ob jung oder alt, überall findet sich eine große Vielfalt an Bedürfnissen."*, bemerkt dazu Peer-Oliver Villwock, Unterabteilungsleiter im Bundesministerium für Arbeit und Soziales.[12]

Und so kommen auch Untersuchungen über spezifischere Ansprüche zu dem Ergebnis, dass sich die Anspruchshaltung einzelner Vertreter unterschiedlicher Generationen keinen Altersgruppen klar zuordnen lässt. Dies zeigt sich auch plakativ in der folgenden Abbildung aus der „Millennial-Studie" von IBM: Ob das Verlangen nach passender Work-Life-Balance, inspirierender Führung oder gestalterischer Freiheit – die Bedürfnisse sind überall zu finden und oftmals sogar verstärkt dort, wo man sie am wenigsten erwartet.[13]

Was braucht es, damit sich Mitarbeiter bei der Arbeit engagieren?
Die Prioritäten der Millennials gleichen sich denen der anderen Generationen an

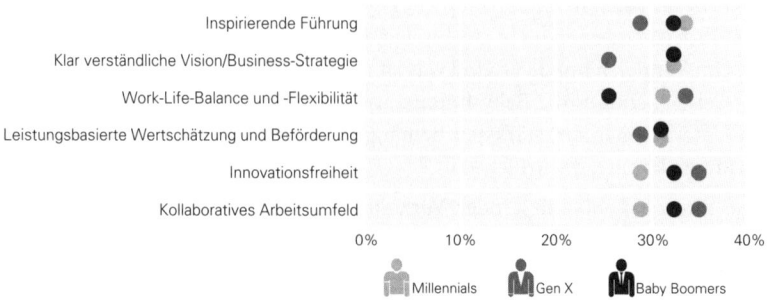

Millennial-Studie von IBM über die Anspruchshaltung unterschiedlicher Generationen[14]

Zwei Dinge lassen sich also festhalten: Erstens kommt es nicht nur auf eine Generation an, denn zukunftsrelevante Fähigkeiten lassen sich in allen Altersgruppen finden. Zweitens gibt es in all diesen Altersgruppen spezifische Bedürfnisse für einen *Good Job*, die unabhängig von der Zugehörigkeit zu einer Generation sind.

Ist es da nicht absurd, die Arbeitswelt immer wieder an den stereotypischen Bedürfnissen einer neuen Generation auszurichten, statt an den tatsächlichen Bedürfnissen aller Mitarbeiter? Sollte es nicht vielmehr das Ziel sein, die (Zusammen-)Arbeit und Leistung *aller* Beschäftigten zu verbessern und eine positive Altersdiversität zu schaffen?[15]

Commerz Real:
Kulturwandel ist kein Sprint, sondern ein Marathon

„Die digitale Transformation geht für uns weit über Technologien, Prozesse und innovative Produkte hinaus. Sie wird den Kern unseres Unternehmens – seine Kultur – verändern: Unsere 750 Mitarbeiter müssen agiler werden und in einer sich stark verändernden Arbeitswelt agieren. Hierarchien verlieren an Bedeutung, Führungskräfte besetzen neue Rollen und werden zu ‚Befähigern' ihrer Mitarbeiter. Wie gehen wir im Umgang mit dieser Herausforderung vor?

Zunächst haben wir ein interdisziplinäres Team zur Kulturveränderung direkt am Vorstand angedockt und gemeinsam eine Vision 2020 entwickelt: Teams arbeiten eigenverantwortlich über Bereichs- und Hierarchiegrenzen hinweg, die Mitarbeiter gestalten das Unternehmen aktiv mit und haben Freude am Ausprobieren und Experimentieren, ohne Angst vor dem Scheitern.

Führung ist mehr Coaching als Kontrolle und Vorgaben. Weil Führungskräfte der wesentliche Erfolgsfaktor auf unserer digitalen Reise sind, haben wir mit Ihnen neue *Führungsgrundsätze* entwickelt und helfen Ihnen bei der Umsetzung. Und sei es, indem wir sie in Feed-Forward-Gesprächen durch die Teams bewerten lassen. Wir brauchen aber auch direkte Impulse aus der Mitarbeiterschaft heraus und in die Teams hinein. Dabei helfen uns Multiplikatoren unter den Kollegen als eigentliche Treiber des kulturellen Wandels.

Daneben fördern wir gezielt die Partizipation der Kollegen, zum Beispiel durch ‚Brain Pools' unserer Trainees, die zu bestimmten Themen Lösungen erarbeiten, oder durch eine sog. ‚*Create'-Kampagne*: Bei dieser kann jeder mitmachen und auf einem Bierdeckel Lösungen für konkrete Probleme aus dem Arbeitsumfeld notieren. Im ersten Durchlauf kamen schon über 100 Vorschläge zusammen, einige werden bereits realisiert.

Veränderung beginnt im Top-Management: In unserem ‚*Millennial Board'* beraten fünf ‚Digital Natives' den Vorstand zu Fragen der digitalen Transformation, und im Rahmen eines ‚*Reverse Monitoring'* haben wir sogar das klassische Mentoring auf den Kopf gestellt, und die Digital Natives begleiten die Vorstände als Mentoren.

Noch stehen wir damit erst ganz am Anfang, denn der Kulturwandel wird kein Sprint, sondern ein Marathon, und die Strecke führt durch unbekanntes Terrain. Mit unseren Maßnahmen zur digitalen Transformation wollen wir mit vielen kleinen Schritten und vielen kleinen Erfolgen diesen digitalen Marathon gewinnen."

Sandra Scholz
verantwortet als Vorstandsmitglied die „kulturelle Transformation" der Commerz Real zum digitalen Assetmanager „für Sachwertinvestments.

Von einer positiven Altersdiversität profitiert übrigens nicht nur die Belegschaft, sondern auch das Unternehmen. Schließlich herrscht in fast allen Branchen inzwischen Fachkräftemangel. Bis 2030 werden Unternehmen in Deutschland ca. 6,5 Millionen Fachkräfte aus der Regelbeschäftigung verlieren.[16] Dies lässt sich nicht mehr nur mit Nachwuchskräften kompensieren. Wenn es jedoch gelingt, die Bedürfnisse aller Altersgruppen zu berücksichtigen, kann das Unternehmen diesem Trend entgegenwirken. Gerade in Unternehmen, bei denen – dank spätem Rentenalter, Turbo-Abi und Bologna-Re-

♥

form – mittlerweile vier unterschiedliche Generationen vereint sind, wird das Multi-Generationen-Management erfolgsentscheidend sein. Denn nur mit vereinten Kräften werden die zukünftigen Herausforderungen der Unternehmen überhaupt noch zu stemmen sein.

Dennoch wird in Unternehmen noch allzu häufig der Fokus auf die jungen Arbeitnehmer gesetzt. Doch wie geht es wohl älteren Mitarbeitern, wenn sie hören, dass die Generation Y eben anspruchsvoller sei? Oder wenn sich Innovationsprogramme nur an die Digital Natives richten? Wenn Berufseinsteiger nach Ihren Wünschen befragt werden, alle anderen jedoch nicht? Positiv auf das Engagement und die Leistung der älteren Mitarbeiter wird sich dies wohl nicht auswirken. Und es kann darüber hinaus sogar die zukünftige Wettbewerbsfähigkeit des Unternehmens beeinträchtigen.

So zeigt die Auswertung aktueller Forschung, dass bei komplexen Aufgaben altersgemischte Teams die besten Arbeitsergebnisse hervorbringen. Neue Sichtweisen jüngerer Mitarbeiter, gepaart mit den Erfahrungen älterer, bilden gemeinsam die Grundlage für die Bewältigung unternehmerischer Herausforderungen. Die vorhandenen Potenziale im Unternehmen zu erkennen, und die Verbindung unterschiedlicher Sichtweisen und Erfahrungen zu fördern, erweist sich somit als Gewinn für Unternehmen wie Beschäftigte. Egal also ob jung oder alt – die Gestaltung von Altersdiversität in Unternehmen ist ein geeignetes Instrument, um im demographischen Wandel wettbewerbsfähig zu bleiben.[17]

Dies wird auch durch eine Studie der Universität St. Gallen untermauert. Deren Ergebnis zeigt, das Altersdiversität einen starken Effekt auf die Unternehmensperformance haben kann – im Positiven wie im Negativen. Werden Personalmaßnahmen getroffen, die die Vielfalt aktiv fördern, wirkt sich dies entsprechend positiv auf die Unternehmensperformance aus. Zeigen sich auf der anderen Seite zum Beispiel bei leitenden Managern Vorurteile gegenüber älteren Mitarbeitern, kann dies die Performance negativ beeinflussen.[18]

Diversität ist entsprechend ein zu Recht viel diskutiertes Thema. Dies gilt selbstverständlich auch für die Geschlechterdiversität. Es ist wohl wenig überraschend, dass eine stärkere Diversität der Geschlechter die Produktivität des Unternehmens steigert.[19] Folglich ist es wichtig, Maßnahmen zu entwickeln, die das Unternehmen zu einem Wohlfühlort für Männer *und* Frauen unterschiedlichster Generationen machen.

Innogy: New Ways of Working gegen Silo-Denke

„Das Transformationsprogramm ‚New Ways of Working' (NWoW) ist für innogy ein ganz neuer Ansatz für eine ‚effiziente Transformation'. Wir möchten nicht nur theoretische Veränderungen diskutieren, sondern ganz praktisch verändern. Beispielsweise arbeiten wir daran, Silodenken (eines unserer vier mentalen Modelle, welches uns daran hindert, besser zu werden) und dessen limitierte Prozesssicht zu reduzieren. Dazu bringen wir alle an einem Prozess beteiligten Kollegen an einem Tisch zusammen, sodass jeder Mitarbeiter seinen Teilprozess beschreiben kann. Klingt simpel, aber es passieren überraschende Dinge: So hat ein Mitarbeiter erklärt: ‚Ich ziehe die Daten aus dem System und bereite sie auf, indem ich sie passend umsortiere und zusammenfasse, und stelle sie danach dem Kollegen zur Verfügung.' Darauf entgegnete der betreffende Kollege entsetzt: ‚Du stellst die Daten extra so um? Ich baue die immer mühsam in eine ganz andere Formatierung zurück. Und das seit fast zehn Jahren!'

NWoW fördert solchen Austausch und ganzheitliches Prozessdenken für mehr Effizienz und effektivere Zusammenarbeit. Das ist unsere Verantwortung, denn wir haben die Kolleginnen und Kollegen über viele Jahrzehnte so ‚erzogen', wie sie heute teilweise noch agieren. Selbstständiges Denken oder kritisches Hinterfragen wurde lange nicht gewollt oder sogar sanktioniert.

Das erfordert von allen Mitarbeitern eine Wandlungsfähigkeit, die bei jedem anders ausgeprägt ist – und übrigens nichts mit dem Alter zu tun hat. Vielmehr kommt es auf die Haltung an. ‚One size fits all' funktioniert nicht mehr – vielmehr ist individuelles Führen gefragt. Wir gehen nur gemeinsam auf die Reise, wenn wir auch gemeinsam starten. Dafür gilt es, alle dort abzuholen, wo sie sind. Bei einigen ist es einfacher, bei anderen weit schwieriger, die Motivation für die Reise zu wecken. Die Herausforderung liegt also im Kreieren attraktiver Puzzlestücke, aus denen sich jeder sein optimales Teil aussuchen kann."

Daniel Ullrich
Als Group HR Executive ist Daniel Ullrich für das Transformationsprojekt „NWoW@HR" im innogy-Konzern verantwortlich.

♥

Es gibt zahlreiche positive Praxisbeispiele, die zeigen, wie Unternehmen durch den Einbezug unterschiedlicher Altersgruppen sowie der Gestaltung passender Arbeitsbedingungen erfolgreich agieren und eine Kultur der Integration fördern. So auch beim Unternehmen HeringBau, Preisträger des Wettbewerbs „Erfolg kennt kein Alter" der Agentur für Arbeit. Die Mitarbeiter des Bauunternehmens sind dauerhaft mit einer hohen physischen Belastung konfrontiert. Gleichzeitig ist das Unternehmen darauf angewiesen, dass Mitarbeiter möglichst lange im Unternehmen arbeiten können, da Handwerker und Fachkräfte im Bau rar sind. In der Folge wurde ein Maßnahmenprogramm aufgesetzt, das die Arbeitsfähigkeit der Beschäftigten, unabhängig von ihrem Alter, gewährleisten soll. Dazu wurde zum einen die Höher- bzw. Weiterqualifizierung älterer Mitarbeiter gefördert, mit dem Ziel, ihnen zukünftig komplexere Aufgaben, zum Beispiel im Projektmanagement, übertragen zu können. Zum anderen wurde der Einsatz von altersgemischten Kolonnen auf den Baustellen gefördert, bei denen jeder Beschäftigte entsprechend seiner individuellen Leistungsfähigkeit eingesetzt wird. Diese altersgemischten Teams entfalten eine Dynamik, die zum nachhaltigen Bestand des Unternehmens beiträgt und somit auch die bestehenden Arbeitsplätze sichert.[20]

Auch die Deutsche Bank arbeitet aktiv daran, die Altersdiversität zu fördern. So wird allen Mitarbeitern beispielsweise angeboten, zeitweise als Berater oder Coach außerhalb der Bank zu arbeiten. Zudem gibt es Know-how-Tandems, in denen komplementäre Mitarbeiter diverser Altersgruppen zusammenkommen, um voneinander zu lernen und sich gegenseitig besser zu verstehen. Das Ziel dieser (und weiterer) Maßnahmen ist es, eine inklusive Arbeitsumgebung zu gestalten, in der *alle* Mitarbeiter ihr volles Potenzial einbringen und diverse Teams ihre Leistung maximieren können. Dies ist nach Aussage der Bank essenziell für einen höheren Shareholder Value und größere Profitabilität.[21]

Doch egal, welche Bedürfnisse genau mit welchen Maßnahmen erfüllt werden: Es lohnt sich daran zu arbeiten, *alle* Mitarbeiter nachhaltig mit in die neue Arbeitswelt zu nehmen. *Good Job* betrifft entsprechend nicht nur eine Generation, sondern alle. Es betrifft nicht nur spezifische Unternehmen oder Branchen, sondern alle. Es betrifft nicht nur einen Themenbereich, sondern alle. Und so gibt es auch nicht eine allgemeingültige Lösung, um die Anforderungen der neuen Arbeitswelt zu bewältigen. Vielmehr ist eine individuelle Lösung abhängig von den persönlichen Bedürfnissen der Mitarbeiter, den spezifischen Anforderungen der jeweiligen Tätigkeit und den Zielen und Möglichkeiten des Unternehmens anzustreben.

Dazu ist eine ganzheitliche Betrachtung über alle Mitarbeiter, Generationen und Themen hinweg zu empfehlen. Es gilt, in jedem Themenbereich, vom Recruiting über den Arbeitsplatz bis zur Work-Life-Balance, anhand von SOLL und IST die individuell größten Lücken zu identifizieren und genau dort zielgerichtet anzusetzen. Auf diese Weise ist es möglich, reflektiert an konkreten Bedürfnissen zu arbeiten, statt reflexartig an stereotypen Lösungen. Das klingt doch nach einem *Good Job* für alle, oder?

IST-ZUSTAND

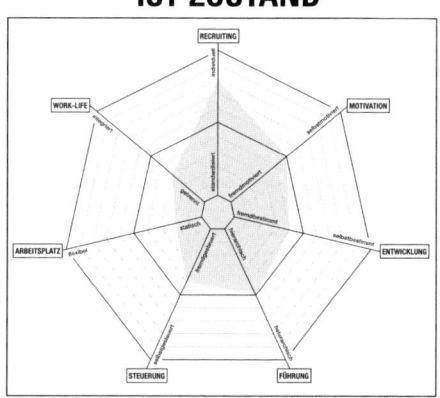

SOLL-ZUSTAND

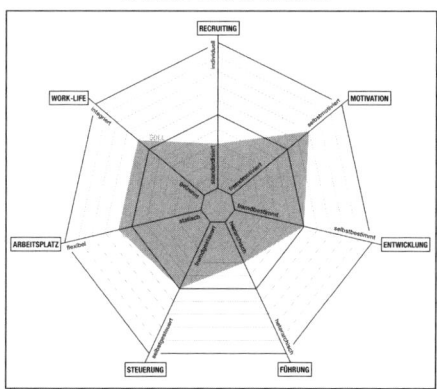

GOOD JOB AUDIT

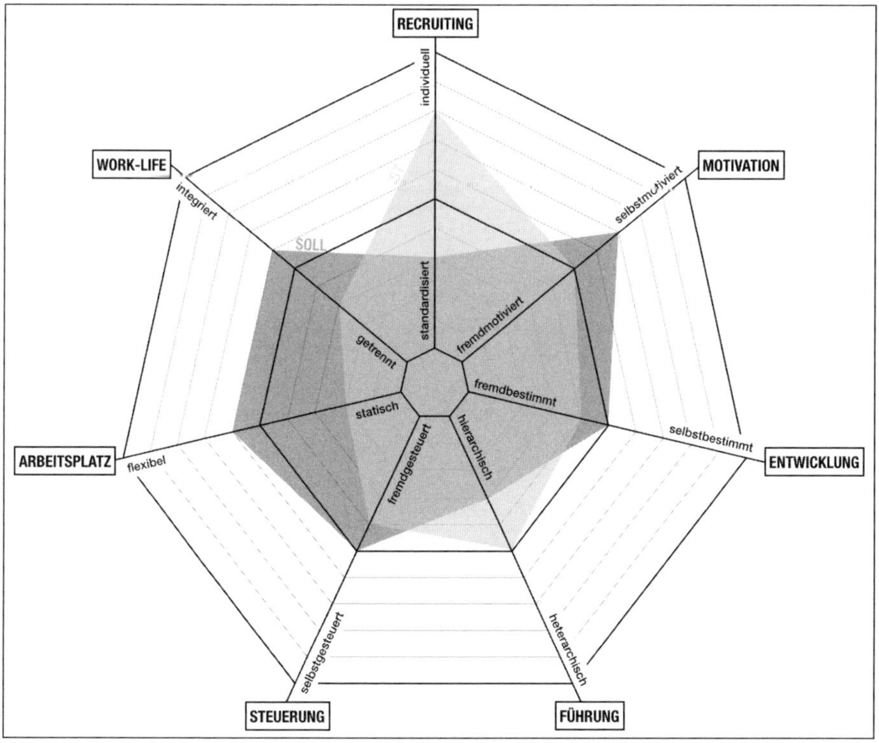

♥

	Stufe 1	Stufe 2	Stufe 3	Stufe 4	Stufe 5
RECRUITING	**Filterung nach Daten & Fakten** Auswahl durch Filterung/Auswertung historischer Datenpunkte wie Alter, Noten, Positionen etc.	**Abfrage vorheriger Erfahrungen** Auswahl durch Abfrage vorheriger Erfahrungen wie Aufgaben, Rollen, Verantwortlichkeiten etc.	**Prüfung aktueller Fähigkeiten** Auswahl durch Prüfung gegenwärtiger, relevanter Hard- und Softskills wie Fachwissen, Führungskompetenz etc.	**Ermittlung persönlicher Charakteristika** Auswahl durch Ermittlung individueller Persönlichkeitsmerkmale wie Empathie, Gewissenhaftigkeit etc.	**Erarbeitung individueller Lebensentwurf** Auswahl durch Erarbeitung persönlicher Zukunftsvision, inkl. Lebensziele, Wünsche, Werte etc.
MOTIVATION	**Incentivierung: Arbeit bringt etwas** Fremdmotivation/ Incentivierung durch externe Anreize (externale Regulation)	**Beeinflussung: Arbeit muss sein** Beeinflussung/ Druck durch externe Vorgaben & Rahmenbedingungen (introjizierte Regulation)	**Überzeugung: Arbeit ist wichtig** Überzeugung durch Identifikation mit der Bedeutung der Arbeit (identifizierte Regulation)	**Integration: Arbeit macht Sinn** Integration der Arbeit in das eigene Leben durch persönliche Sinnstiftung (integrierte Regulation)	**Motivation: Arbeit macht Spaß** Eigenmotivation durch Befriedigung an der Arbeitsausführung selbst (intrinsischer Regulation)
ENTWICKLUNG	**Fest vorgegebene Karriere-/Entwicklungspfade** Monothematische Karriere- und Entwicklungspfade sind fest vorgegeben	**Fest vorgegebene Entwicklungspfade zur Auswahl** Mehrere starre Karriere- und Entwicklungspfade, aus denen gewählt werden kann	**Individuelle Entwicklungspfade werden vorgegeben** Karriere-/Entwicklungsmöglichkeiten werden individuell passend zum Mitarbeiter vorgegeben	**Optionale Entwicklungsmöglichkeiten** Entwicklungsmöglichkeiten werden optional und ohne festen Karrierepfad angeboten	**Freiraum zur Selbstentwicklung ohne Vorgaben** Freiraum zur Selbstentwicklung; Wunschentwicklung wird gefördert
FÜHRUNG	**Hierarchiebestimmt** Starres System mit strikter Ordnung, die den Führungsstil vorgibt	**Hierarchisch orientiert** Klare, aber durchlässige Hierarchie, an welcher sich der Führungsstil orientiert	**Situativ angepasst** Situativ angepasster, variabler Führungsstil unabhängig von der Hierarchie	**Individuell auf Mitarbeiter bezogen** Individuell auf die Mitarbeiter bezogener Führungsstil unabhängig von der Hierarchie	**Gegenseitig ohne Hierarchiebezug** Ergebnisbezogene, gegenseitige Führung unabhängig von bzw. ohne Hierarchie
STEUERUNG	**Steuerung durch strikte Vorgabe zu Arbeitszeit & -ort** Einhaltung strikter Vorgaben zu Zeit & Ort	**Steuerung durch flexible Vorgaben zu Arbeitszeit & -ort** Einhaltung flexibler Vorgaben zu Zeit & Ort	**Steuerung durch feste Vorgaben zur Tätigkeit** Einhaltung vorgegebener Tätigkeits-Durchführung	**Reine Ergebnissteuerung** Erfüllung vereinbarter Ergebnisse unabhängig vom genauen Vorgehen	**Selbststeuerung ohne Kontrolle** Eigenverantwortliche Arbeit ohne Kontrolle
ARBEITSPLATZ	**Fester Arbeitsplatz** Immer gleicher Arbeitsplatz wird vorgegeben	**Vorgegebener Wechsel zwischen festen Arbeitsplätzen** Wechsel zwischen festen Arbeitsplätzen wird vorgegeben	**Freier Wechsel zwischen Arbeitszonen** Feste Arbeitszonen (Fokus, Meeting, Play, ...) stehen frei zur Verfügung	**Freier Wechsel zwischen flexiblen Arbeitsplätzen** Flexible Nutzung von Arbeitsplätzen inner- und außerhalb des Standortes	**Freie Auswahl des Arbeitsplatzes ohne Vorgaben** Platz für Arbeit kann ohne Vorgaben gewählt werden
WORK-LIFE	**Work-Life-Balance: strikte Trennung von Arbeit & Privatleben** Arbeits- und Privatleben sind klar getrennt	**Work-Life-Flexibility: flexible Trennung von Arbeit & Privatleben** Arbeit und Freizeit sind flexibel getrennt	**Work-Life-Blending: Entgrenzung von Arbeit & Privatleben** Privatleben geht in Arbeitsleben auf	**Life-Work-Blending: Entgrenzung von Privatleben & Arbeit** Arbeitsleben trägt zum Privatleben bei	**Work-Life-Harmonie: Privatleben & Arbeit harmonisch verknüpft** Arbeits- und Privatleben sind Teil eines Ganzen

Wie sieht es nun konkret bei Ihnen aus? Und bei ihren Kollegen? Wo sind die größten Hebel in Ihrem Unternehmen? Um diese Fragen zu beantworten, haben wir begleitend zu den Buchkapiteln einen *Online-Fragebogen* unter www.goodjob.jetzt/audit bereitgestellt. Testen Sie sich selbst, um ihren persönlichen Weg zum *Good Job* zu ermitteln. Oder vergleichen Sie im Team, woran gearbeitet werden sollte. Wir würden uns freuen, wenn Sie und Ihre Mitarbeiter bzw. Kollegen Ihrem *Good Job* damit einen Schritt näherkommen!

www.goodjob.jetzt/audit

GOOD JOB
IN DER PRAXIS

♥

Haben Sie schon einmal Bowling gespielt? Dann kennen Sie die folgende Situation vielleicht. Konzentriert werfen Sie die erste Kugel in Richtung der zehn Pins. Mit voller Wucht trifft diese mittig auf das Dreieck der Pins und schmettert sie zu Boden. Doch der *Strike* bleibt aus, denn ausgerechnet die Pins ganz links und ganz rechts außen sind stehengeblieben. Schaffen Sie es, die nötige Konzentration aufzubringen, um aus diesem verzwickten Szenario noch das Beste zu machen?

Vor dieser Situation stand ich bildlich gesprochen vor nunmehr acht Jahren. Die beiden verbliebenen Pins: Meine offenbar gegensätzlichen Wünsche für ein erfüllendes (Arbeits-)Leben. Mein nächster Wurf: Die Gründung des Unternehmens Venture Idea.

Voller Konzentration setzte ich damals zum Wurf an. Und ließ die Kugel dann doch wieder mutlos sinken. Denn es schien ausweglos, beide Pins gleichzeitig zu erwischen. Mein Repertoire an Wurftechniken war langsam erschöpft. So vieles hatte ich bereits ausprobiert, nur um immer wieder festzustellen, dass es mir nicht gelingt, alle meine Wünsche gleichzeitig zu erfüllen. Ich hatte in unterschiedlichsten Branchen gearbeitet, von der Kosmetikindustrie bis hin zum eSport, in Unternehmen verschiedenster Größe, vom internationalen Konzern bis zum Start-up, in diversen Positionen, vom Praktikant bis zum „Chef" – ja, ich hatte mein Glück sogar als Fußballtrainer, Sänger und Kneipenwirt gesucht.

Dabei lassen sich meine Wünsche bereits mit ein paar „F"s zusammenfassen: Familie, Freunde, Freiheit, Freizeit, Freude, Finanzen, Fortschritt und Flexibilität. Warum nur scheint es so ausweglos, diese in der heutigen Arbeitswelt erfolgreich zusammenzubringen? Warum stoßen sich diese teilweise gegenseitig ab wie zwei Magnete mit gleichen Polen?

Und so stand ich bei der Gründung von Venture Idea erneut einer ganzen Reihe widersprüchlicher Wünsche gegenüber, bedeutete doch die Erfüllung des einen stets, dass ein anderer unerfüllt bleiben muss.

Freiheit vs. Freizeit

Ein eigenes Unternehmen ermöglicht ein Maximum an *Freiheit*. Wie ich bei meinem vorigen Unternehmen am eigenen Leib feststellen musste, ist der Preis dafür jedoch möglicherweise der Verlust von *Freizeit*, schlimmstenfalls verbunden sogar mit negativen Konsequenzen in Bezug auf *Familie* und *Freunde*. Nicht umsonst beinhaltet „Selbstständigkeit" wohl die beiden Wörter „selbst" und „ständig". Wenn man dann sogar noch vorhat, Bücher zu schreiben …

Freude vs. Finanzen

Was mir *Freude* bringt? Insbesondere die Arbeit an neuen, zukunftsgerichteten Ideen und Innovationen. Diese Freude schien in 2010 aber im Gegensatz zu ausreichenden *Finanzen* zu stehen. So erinnere ich mich vor allen Dingen an folgenden Satz aus meiner Gründerzeit: „Wir zahlen für die Umsetzung, nicht für die Idee!"

Fortschritt vs. Flexibilität

Für mich persönlich bedeutet *Fortschritt* vor allem die Arbeit an strategisch relevanten Projekten in größeren Unternehmen – ich habe für mich festgestellt, dass ich dabei persönlich am meisten lerne und bewege. Demgegenüber steht jedoch die übliche Praxis einer Strategieberatung, der zufolge Berater mindestens vier Tage die Woche von früh bis spät beim Kunden zu verbringen haben – *Flexibilität* ade. Hinzu kommt, dass Selbstständige insbesondere dann über eine hohe *Flexibilität* verfügen, wenn die Zahl der eigenen Mitarbeiter möglichst gering ist. Nun stellen Sie sich einmal die Frage, wie viele Unternehmen ihre wichtigen Strategieprojekte an Beratungen mit einer Handvoll Mitarbeitern vergeben.

Dieses Kapitel schreibe ich nun acht Jahre später. In der Zwischenzeit ist zusammen mit drei weiteren Partnern ein Team aus Unternehmern entstanden, bei dem keiner allein die zeitliche Belastung des Gesamtunternehmens trägt. Wir haben mittlerweile mit mehr als der Hälfte der Dax-Konzerne zusammengearbeitet und wurden jüngst von der WirtschaftsWoche als beste mittelständische Beratung für Innovation & Wachstum ausgezeichnet. Die gelernten Gesetze der Strategieberatung haben wir erfolgreich außer Kraft gesetzt und als Vier-Mann-Unternehmen Innovationsprojekte in über 20 Branchen durchgeführt – ohne dabei mehr als etwa 40 Stunden die Woche zu arbeiten oder auf Urlaub zu verzichten. Meine Frau hat mir in dieser Zeit zwei wunderbare Söhne geschenkt, für die mir dank meiner Viertagewoche genug Zeit bleibt – genauso wie für meine private Ausbildung im Bereich Psychotherapie.

> „Ein Traum ist ein Traum.
> Aber ein Ziel ist ein Traum mit Termin."
> – *Harvey MacKay*

Mein Ziel war es, ein Unternehmen zu erschaffen, bei dem eine grundlegende Gesetzmäßigkeit der heutigen, absurden Arbeitswelt außer Kraft gesetzt wird: das ungeschriebene Gesetz, dass die Mitarbeiter dem Unternehmen dienen sollen. Denn solange dies der Fall ist, wird sich eben auch jeder Mitarbeiter (auch der Geschäftsführer!) an die Spielregeln des Unternehmens halten müssen. Und dies bedeutet oftmals die Entscheidung zwischen scheinbar gegensätzlichen Wünschen.

Dreht man diese Gesetzmäßigkeit jedoch um, wird schnell klar, wessen Spielregeln nun maßgeblich sind. Wenn nicht mehr die Mitarbeiter dem Unternehmen dienen, sondern stattdessen das Unternehmen den Mitarbeitern, dann

♥

muss sich plötzlich das Unternehmen an den Wünschen und Bedürfnissen der Mitarbeiter ausrichten. Und auch die Regeln zu deren Erfüllung werden von den Mitarbeitern festgelegt.

Ein Gedanke, der im Übrigen nicht neu ist, und der Ihnen in der Person von Frithjof Bergmann im Rahmen des vorliegenden Buches bereits begegnet ist:

> „Nicht wir sollten der Arbeit dienen, sondern die Arbeit sollte uns dienen. Die Arbeit, die wir leisten, sollte nicht all unsere Kräfte aufzehren und uns erschöpfen. Sie sollte uns stattdessen mehr Kraft und Energie verleihen, sie sollte uns bei unserer Entwicklung unterstützen, lebendigere, vollständigere, stärkere Menschen zu werden."
>
> – *Frithjof Bergmann*

Und in unseren eigenen zehn Worten:

> „Das Unternehmen Venture Idea soll zu einem glücklichen Leben beitragen."
>
> – *Mission Venture Idea*

Nachfolgend werde ich beschreiben, wie diese Mission im Rahmen von Recruiting, Motivation, Weiterbildung, Führung, Steuerung und Arbeitsplatzgestaltung zum Leben erwacht. Wie wir es geschafft haben, stark zu wachsen, ohne viele Mitarbeiter einzustellen. Warum wir alle begeistert zur Arbeit gehen, obwohl wir das Unternehmen schon längst hätten verkaufen können. Wie es möglich ist, dass alle das Gleiche und dennoch unterschiedlich viel verdienen. Wie wir uns jeder in individuelle Richtungen und dennoch gemeinsam entwickeln können. Wie wir als Partner gleichberechtigt sein können, obwohl es eine Hierarchie gibt. Wie es uns gelingt, so effizient und effektiv wie möglich zu arbeiten, und uns dabei immer die Zeit nehmen, die wir brauchen. Wie wir trotz mehrerer Büros eng zusammenarbeiten. Wie wir es also schaffen, dass das Unternehmen Venture Idea zu unserem glücklichen Leben beiträgt – und idealerweise auch zu dem Leben unserer Familien, Freunde und Geschäftspartner.

Lucas Sauberschwarz

Lebensentwurf *statt* Lebenslauf

> „Die große Liebe kannst Du nicht suchen,
> Du musst sie finden."
> – *meine Großmutter*

Diese Lebensweisheit kann ich heute auch für die Suche nach den passenden Mitarbeitern bestätigen. Denn obwohl ich seit meinem ersten Job als Teamleiter stets auf der Suche war, habe ich meine heutigen Partner nicht gesucht, sondern gefunden. Dabei ist der Unterschied zwischen Suchen und Finden einfach: Man *sucht* einen Lebenslauf, man *findet* einen Menschen.

Und so habe ich nie einen Lebenslauf einer meiner heutigen Kollegen zu Gesicht bekommen, kann allerdings behaupten, dass ich jeden von ihnen als Mensch besser kenne als manch langjährigen Freund. Ich weiß, dass unsere Persönlichkeiten gegensätzlich sind, sich jedoch ergänzen; dass unsere Lebensentwürfe unterschiedlich, aber kompatibel sind; dass unsere Fähigkeiten divers und komplettierend sind. Und vor allen Dingen weiß ich: Wir alle brennen für unseren Job.

Doch wie finde ich solche Menschen, wenn ich nicht suchen soll? Lässt sich das „Finden" denn ähnlich systematisieren wie das „Suchen"?

Ja, denn es ist letztlich „nur" eine Frage der Einstellung. Statt nach bestimmten Profilen zu suchen, versuchen wir, Menschen zu finden, die zu uns und unserer Mission passen. Wir setzen den Fokus entsprechend auf Persönlichkeit statt auf Fakten, auf Potenzial statt Erfahrung, auf Kennenlernen statt Beurteilen.

Dazu verwenden wir keine standardisierten Einstellungsverfahren oder klassische Interviews, sondern gehen gemeinsam mit den Kandidaten Kaffee trinken und stellen Fragen über das Leben: „Wo willst du hin und wie kann dir das Unternehmen dabei helfen?" Diese Frage nach dem Lebensentwurf ist für uns sehr wichtig. Auch wenn sie oftmals vom Kandidaten nicht gleich beantwortet werden kann, kommen wir auf diese Weise in ein spannendes Gespräch, bei der wir uns als Menschen kennenlernen können – statt als potenzieller Arbeitgeber und Arbeitnehmer.

Gibt es eine Übereinstimmung auf der persönlichen Ebene, versuchen wir im nächsten Schritt, uns bei der Arbeit besser kennenzulernen. Dazu laden wir in der Regel zur Teilnahme an einem Workshop im Rahmen eines konkreten Kundenprojektes ein, idealerweise mit anschließendem Ausklang zusammen mit dem gesamten Team.

Selbstverständlich können wir das Potenzial eines Kandidaten auf dieser Basis nur begrenzt einschätzen. Und doch gelingt es uns bislang, den für uns entscheidenden Aspekt für das zukünftige Potenzial mit einiger Sicherheit festzustellen: die Motivation. Dafür kommunizieren wir zum Beispiel auf

♥

allen öffentlichen Kanälen, dass wir keine neuen Mitarbeiter suchen. Wer sich dennoch (mit einem guten Grund) bewirbt, zeigt schon, dass er grundsätzlich bereit ist, die „Extrameile" zu gehen. Und diese Motivation muss ein Kandidat über eine recht lange Zeitdauer aufrechterhalten, um in unsere engere Wahl zu kommen. So hatte unser letzter Neuzugang zwar weder den perfekten Berater-Lebenslauf, noch exakt diejenigen Kompetenzen, die wir zu dem Zeitpunkt brauchten, aber er ließ auch nicht locker – und vollbringt seit seinem Start Höchstleistungen mit herausragender Motivation und Engagement.

Ist der Arbeitsvertrag schließlich unterschrieben, geht für uns der eigentliche Bewerbungsprozess erst richtig los. Denn die Probezeit ist bei uns nicht nur eine beiläufige Klausel in einem Vertrag. Wir nutzen diese explizit zu einem noch intensiveren Kennenlernen des Kandidaten, was wir von Beginn an auch offen kommunizieren. Schließlich bieten mehrere gemeinsame (Arbeits-)Monate eine wesentlich bessere Entscheidungsgrundlage als jeder noch so lange Bewerbungsprozess – egal ob durch Mensch oder Maschine, ob mithilfe von Assessment Centern, Interviews oder Persönlichkeitstests.

Wir sehen die Probezeit dabei nicht als Einbahnstraße. Im Gegenteil. Wir bieten neuen Mitarbeitern sogar ein zusätzliches Monatsgehalt, wenn sie innerhalb der Probezeit selbst kündigen, um diese Option von Beginn an zu einer möglichen Route zu machen. Eine Route, die bislang glücklicherweise noch nicht genutzt wurde, so dass wir uns heute als Fünf-Mann-Team gemeinsam auf dem Weg zur Erfüllung unserer persönlichen Lebensentwürfe befinden.

Begeisterung *statt* Beförderung

> „Ohne Begeisterung ist
> noch nie etwas Großes erreicht worden."
> *– Ralph Waldo Emerson*

Stellen Sie sich vor, sie starten ein neues Unternehmen und benötigen ein möglichst gutes Team. Sie bieten zunächst wenig Bezahlung, keine Aufstiegschancen, keine Extras und nur eine sehr ungefähre Vorstellung davon, was der Mitarbeiter eigentlich zu tun haben wird. Wie finden Sie Menschen, die sich darauf einlassen? Und wie entwickeln Sie anschließend das Unternehmen so, dass niemand wieder geht, sondern im Gegenteil ein wesentlicher Teil eines großen Ganzen wird?

Heute haben wir ein effektives Team verschiedener Persönlichkeiten, die alle eines gemeinsam haben: Begeisterung für ihren Job. Doch nicht nur das: Wir sind auf dem gemeinsamen Weg auch gute Freunde geworden. Dieses Team zu finden und zusammenwachsen zu lassen war wohl die größte Herausforderung der letzten acht Jahre – und ist heute die größte Stärke von Venture Idea.

Das Ziel war dabei von Beginn an klar: Maximales Vertrauen innerhalb des Teams. Denn wir sind davon überzeugt, dass das Potenzial jedes einzelnen sich innerhalb von Venture Idea nur dann voll entfalten kann, wenn wir bereit sind, uns den anderen gegenüber mit all unseren Stärken und Schwächen zu offenbaren, ja, letztlich sogar einen Blick in die eigene Seele zuzulassen. Ähnlich wie es beste Freunde tun. Daher haben wir aktiv an diesem Faktor gearbeitet und den notwendigen zeitlichen und örtlichen Rahmen dafür geschaffen. So nutzen wir jeweils mindestens einen Tag unserer jährlichen Strategiewoche für persönliche Diskussionen und gemeinsame psychologische Übungen, um ein immer besseres Verständnis über uns selbst und die anderen Teammitglieder aufzubauen. Diese Basis hilft uns, Kritik nicht mehr persönlich zu nehmen, Eigenarten von uns selbst und anderen zu akzeptieren und Probleme, Wünsche und Sorgen ohne Zwang miteinander zu teilen. Der einzige Nachteil: Wie in einer Freundschafts-Clique haben wir Sorge davor, neue Mitglieder aufzunehmen. Dieses Jahr haben wir diesen Schritt jedoch gewagt und konnten unseren Neuzugang, Marc Parat, auch gerade *aufgrund* der starken, vorhandenen Basis schnell in das bestehende Teamgefüge einbinden.

„Das Unternehmen Venture Idea soll zu einem glücklichen Leben beitragen." Mit dieser Mission ist es nur konsequent, dass jeder einzelne die Freiheit erhält, sich selbstbestimmt auszuprobieren und auszuleben – in- und außerhalb der Arbeit. Ein wichtiger Rohstoff für ein Team, das insbesondere durch unternehmerisch denkende und handelnde Personen geprägt ist. So werden beispielsweise die einzelnen Rollen und Aufgaben im Unternehmen nach den persönlichen Kompetenzen und Bedürfnissen vergeben. Und Tätigkeiten, die keiner von uns machen will oder kann, haben wir entweder aufgeteilt, attraktiver gestaltet oder ausgelagert.

Diese Logik endet nicht mit den Rollen, sondern erstreckt sich bis zu unseren Kunden und Projektthemen. Ein toller Nebeneffekt, wenn das Unternehmen in der Bedeutung wächst und die Mitarbeiterzahl konstant bleibt: Wir können uns oftmals aussuchen, mit welchen Unternehmen wir in welchen Projekten zusammenarbeiten wollen. Und so forschte letztes Jahr beispielsweise Lysander Weiß, der am liebsten an vorderster Innovationsfront arbeitet, zusammen mit Innogy an neuen Blockchain-Anwendungs-Szenarien, während Alexander Kornelsen aus dem eigenen Campervan heraus (sein damaliges Zuhause) eine Produktinnovation für Europas führenden Wohnmobil-Hersteller Hymer entwickelte. Florian Lanzer, der die Welt gerne ein Stückchen besser machen würde, arbeitete derweil an einem Innovationsprojekt für den Malteser Hilfsdienst. Und Marc Parat konnte als neuster Mitarbeiter seinen großen Wissensdurst durch die Mitarbeit bei sämtlichen Projekten befriedigen.

In dieser ganzen rosaroten Welt haben wir aber auch festgestellt: Extrinsische Faktoren wie die Vergütung dürfen nicht ignoriert werden. Diese „Hygienefaktoren" tragen nicht entscheidend zur Motivation bei, wenn sie erfüllt werden, wohl aber zur Demotivation, falls nicht. So war zum Beispiel der konkrete Verdienst immer wieder ein Thema, das nicht einfach zu lösen war. Jeder arbeitet unterschiedlich, hat unterschiedliche Ansprüche und ist in einer unterschiedlichen Situation. So haben wir uns in Gehaltsfragen von „alle verdienen verschieden viel" zu „alle verdienen gleich viel" zu „alle haben die gleichen Optionen, aber verschiedenen Lösungen" bewegt. Mit letzterer Variante bietet sich nun für jeden von uns eine individuelle Wahlmöglichkeit zwischen Gehaltssteigerungen, zusätzlichen Gewinnanteilen und der Möglichkeit, weitere Unternehmensanteile zu erwerben. Eine Variante, mit der unterschiedlichsten Präferenzen und Lebensumständen Rechnung getragen wird. Wie lange diese Variante nun Bestand haben wird: Wer weiß. Doch eines haben wir auf dem Weg dorthin gelernt: Gemeinsam werden wir stets eine passende Lösung finden!

Selbstentwicklung *statt* Fremdbestimmung

> „Jeder sei der Schmied seines Glücks."
> – *Appius Claudius Caecus, römischer Konsul*

Wie kann das Unternehmen zu Deinem glücklichen Leben beitragen? Eine Frage, die sich wohl viele Mitarbeiter von ihrem Unternehmen wünschen würden. Und gleichzeitig eine Frage, die wohl die wenigsten Mitarbeiter spontan beantworten könnten. Gelingt es jedoch, eine Antwort zu finden, und das Unternehmen tatsächlich gemäß dieser Antwort zu gestalten, dann ist die Entwicklung des Unternehmens gleichzeitig auch die eigene Entwicklung.

Auch wir haben uns diese Frage gestellt. Und festgestellt, dass wir für deren Beantwortung Zeit brauchen. Zeit, die wir uns nehmen müssen. Und so hat sich zunächst jeder von uns auf seine eigene Weise auf den *Weg* gemacht – Alexander Kornelsen sogar sprichwörtlich auf den *Jakobsweg*.

Und unsere Antworten? Diese spiegeln sich in der Entwicklung von Venture Idea wider. Wir haben in verschiedensten Branchen gearbeitet, von der Containerschifffahrt bis hin zum Markt für Erdnüsse; Projekte unterschiedlichster Art durchgeführt, von der Konzeption altersgestützter Assistenzsysteme bis hin zum Trainingsprogramm für Emotionale Intelligenz; mit unterschiedlichsten Unternehmen und Menschen zusammengearbeitet, vom Fortune 500 Konzern bis hin zur lokalen Wirtschaftsförderung, vom Zukunftsforscher bis hin zum Apotheker; wir haben Bücher geschrieben, auf Kongressen gesprochen, mit Universitäten, Instituten, Verbänden und Netzwerken zusammengearbeitet, und gerade unseren eigenen Podcast gestartet. Allesamt Entwicklungen, die in den Wünschen der einzelnen Akteure bei Venture Idea ihren Ursprung haben. Wenn wir also davon sprechen, wie schnell sich Venture Idea entwickelt hat, sprechen wir gleichzeitig immer darüber, wie sehr sich jeder *einzelne* von uns weiterentwickelt hat. Und auch darüber, wir stark wir alle *gemeinsam* mit dem Unternehmen gewachsen sind.

Und wie geht diese Entwicklung in Zukunft weiter? Dies entscheidet die Summe unserer persönlichen Ziele und Wünsche. Und zwar Jahr für Jahr aufs Neue, denn persönliche Umstände können sich ändern – sei es durch die Geburt eines Kindes, den Umzug ins Ausland oder eine neue Liebe. Jedes Jahr nehmen wir uns gemeinsam eine ganze Woche (Aus-)Zeit, um die Entwicklung des Unternehmens mit den Zielen und Wünschen jedes Einzelnen zusammenzubringen. Hier werden Strategiethemen definiert, priorisiert und verteilt. Was ist nötig, möglich und gewollt? Was bringt uns Freude an der Arbeit, begeistert uns und bringt auch den gewünschten Erfolg? Was interessiert uns und hat Mehrwert für Kunden? Mit diesen und vielen weiteren Fragestellungen im Kopf werden alle neuen Themen gemeinsam entschieden.

Da die Entscheidung für die zukünftige Strategie von den persönlichen Zielen der Mitarbeiter abhängt, können sich neue Aktivitäten durchaus auch auf Bereiche außerhalb des aktuellen Kerngeschäfts von Venture Idea erstrecken oder dieses erweitern. So wollten wir alle das Thema „New Work" stärker in den Vordergrund stellen und auch anderen zu einem *Good Job* verhelfen, weshalb wir dies mittlerweile als neues Geschäftsfeld aufgebaut haben. Genauso wollten wir unbedingt einmal selbst eine TEDx-Veranstaltung mitorganisieren – ein Traum, der 2018 mit TEDxKoenigsallee wahr geworden ist. Auch wenn eine Veranstaltung wie TEDx keinen Beitrag zum Ertragspotenzial des Unternehmens leisten kann, so leistete diese dafür einen umso wertvolleren Beitrag zu unserer persönlichen Weiterentwicklung. Und sollte sich ein persönlicher Weiterentwicklungswunsch einmal gar nicht (geschäftlich) mit Venture Idea in Einklang bringen lassen, dann gibt es auch dafür Zeit und Respekt – egal ob es sich dabei um einen Meditationskurs oder den Wunsch zu einer längeren Auszeit handelt.

Je mehr wir lernen, umso wissbegieriger werden wir. Und je besser wir uns selbst kennen, umso weiter wollen wir uns entwickeln. Und so fragen wir uns bereits, wie wir Auszeiten noch systematischer in den Arbeitsalltag integrieren können. Wie wir komplexere Themen noch tiefergehender erforschen können. Wie wir noch weitere, unterschiedliche Interessen unter unserem gemeinsamen Dach sammeln oder verbinden können. Dies alles wird Teil der weiteren Entwicklung von Venture Idea sein.

♥

Neue Haltung *statt* neue Hierarchie

„Ich bin okay,
du bist okay."
– *Thomas A. Harris*

Wäre es nicht schön, wenn man Hierarchien in Unternehmen einfach abschaffen könnte? Ein Szenario, dass ich bei meinem letzten Unternehmen persönlich erleben durfte. Das Ergebnis dieser „flachen Hierarchien" waren 40 Personen, die direkt an mich berichtet haben – und das Ende meines Privatlebens.

Mehr oder weniger Hierarchiestufen lösen per se keine Probleme! Vielmehr muss das Ziel sein, dass jeder sich auf seine konkreten Aufgaben konzentrieren kann, ohne ständig die Aufgaben von anderen kontrollieren zu müssen. Dazu braucht es nicht mehr oder weniger Hierarchien, sondern klare Rollen und Verantwortungen, sowie Mitarbeiter, die diese gut ausfüllen können.

Heute sind wir fünf gleichberechtigte Vollzeitmitarbeiter auf drei Hierarchiestufen. Wie geht diese Rechnung auf? Indem formale Entscheidungskompetenzen, die automatisch aus der jeweiligen Rolle als Partner, Gesellschafter oder Projektmanager erwachsen, die gegenseitige Haltung in Bezug auf die Arbeit bzw. Zusammenarbeit nicht beeinflussen. *Jeder* ist seine eigene Führungskraft und dient den anderen, sodass wir uns schlussendlich alle gemeinsam gegenseitig führen. Das Ergebnis dieser Logik: Statt 40 direkter Reports in meinem vorigen Unternehmen habe ich jetzt null.

Und wie genau führen wir uns gegenseitig? Gemäß dem Grundsatz: „Ich bin okay, du bist okay". Diese sechs Worte mögen zunächst wenig spektakulär erscheinen, sind für uns jedoch im wahrsten Sinne des Wortes wegweisend. Denn es ist diese Haltung, die wir miteinander und auch außerhalb des Teams, zum Beispiel gegenüber Kunden, leben. Besonders relevant ist dies selbstverständlich bei der Äußerung und Annahme von Kritik. Wobei die Bedeutung und Wirkung einer solchen Haltung bei nahezu jeder Interaktion zwischen zwei Menschen zum Tragen kommt – schließlich geht es um die bedingungslose Akzeptanz der individuellen Persönlichkeit des anderen. Dies heißt im Übrigen nicht, dass auch jedes Verhalten akzeptiert werden muss (schließlich kann ich mich wie ein „Schweinehund" verhalten ohne einer zu sein). Doch im Umgang mit einem solchen *Verhalten*, zum Beispiel der Kritik daran, gilt es dennoch, den anderen als *Menschen* „okay" sein zu lassen.

Wie lässt sich dieser Grundsatz auf die Feuerprobe stellen? Ganz einfach: Man stelle Gehälter, Gewinn- und Firmenanteile zur Diskussion. Individuelle Wünsche und Vorstellung sind auch bei uns nicht immer einheitlich, genauso wenig wie das jeweils subjektive Gefühl, wer welchen Anteil „verdient" hat. Und so fanden wir uns vor etwa zwei Jahren plötzlich in einer Pattsituation, die uns alle emotional an unsere Grenzen gebracht hat. Denn wer hat am Ende Recht, wenn zwei oder mehr konträre Meinungen bei einem Thema aufeinandertreffen, welches in gewisser Weise existenziell ist?

Unsere Lösung: Die sogenannte „Frisbee-Runde". Dazu benötigt man lediglich eine Frisbee, ausreichend Zeit, sowie drei simple Regeln:

1. Es darf nur sprechen, wer die Frisbee hat (und die anderen hören *wirklich* zu).

2. Es gilt der Grundsatz „Ich bin okay, du bist okay" (*jede* Meinung ist also erlaubt und wird von den anderen wertgeschätzt).

3. Zum Ende der Frisbee-Runde vertragen sich alle.

So simpel diese Maßnahme klingen mag, so groß ist ihr Potenzial. Probieren Sie es selbst einmal aus, zum Beispiel in einer vertrackten Streitsituation mit ihrer Mutter, ihrem Sohn, ihrem Lebenspartner – oder natürlich einem Kollegen, Mitarbeiter oder Vorgesetzen. Sie werden dann vermutlich feststellen, dass sie die andere Person, wenn sie ihm oder ihr wirklich die Zeit geben, die eigene Meinung unbeeinflusst zu äußern, plötzlich ganz anders verstehen – und umgekehrt. Auf dieser Basis des Verständnisses füreinander lassen sich in der Regel viel einfacher Lösungen finden, mit denen sich alle Parteien wohlfühlen.

Und was machen wir, falls die Frisbee-Runde bei der nächsten Gehaltsrunde dennoch scheitert? Oder wenn einer von uns sich in der aktuellen Hierarchie nicht wohlfühlt? Oder sich in Bezug auf seinen Aufgabenbereich ungleich behandelt fühlt? Dann werden wir daraus unsere Lehren ziehen und das System verbessern, sei es über neue Aufgaben, neue Verantwortungen, oder sonstige Maßnahmen – immer gemäß dem Grundsatz: Ich bin okay, du bist okay.

Stoppuhr *statt* Stechuhr

> „Arbeite klug, nicht hart."
> – Dr. Gregory House

„Wachsen, ohne zu wachsen", so könnte in etwa die strategische Vision von Venture Idea beschrieben werden. Denn auch wenn bereits frühzeitig klar war, dass wir als Team klein bleiben wollen, sollte das Geschäft natürlich wachsen – sowohl im Umsatz als auch im Qualitätsanspruch und der Bedeutung. Eine große Herausforderung bei der starken Konkurrenz im Beratungsmarkt. Hier reicht es nicht, einfach etwas besser zu sein oder härter zu arbeiten als die anderen.

Wir verabschiedeten uns daher von der klassischen Struktur einer Unternehmensberatung: zentrale Einheiten mit administrativen Rollen, ein Backoffice,

♥

das Projekte unterstützt und Projektteams, die mit eigener Hierarchie arbeiten. Stattdessen versuchten wir, Effizienz und Effektivität systematisch zu maximieren. Heute führt jeder von uns Projekte in diversen Themenfeldern und unterschiedlichsten Branchen eigenverantwortlich durch. Unterstützung wird geholt, wenn es nötig ist. Kundentermine werden flexibel aufgesetzt, und ansonsten autark gearbeitet. Prozessschritte, Tools und externe Dienstleister sind für jeden klar und einfach nutzbar. Rollen wie Marketing, Pressearbeit, Business Development oder Akquise haben je einen klaren Verantwortlichen, der eigenständig agiert. Alle halten, gemäß dem eigenen Terminkalender und der eigenen Motivation, Vorträge und Seminare, besuchen Veranstaltungen und treiben eigene Themen voran. Kurz: Wir sind ein „agiles" Team, in dem sich jeder als *Unternehmer* für seine Verantwortungsbereiche sieht.

Wenn jeder gewissermaßen selbstständiger Unternehmer ist, kann auch jeder die Vorteile der Selbstständigkeit für sich nutzen – arbeiten, wie, wann und wo er möchte, mit so wenig Koordination und Kontrolle wie möglich. Dies führt im Umkehrschluss dazu, dass jeder auch *bestmöglich* arbeiten kann. Ein entscheidender Wettbewerbsvorteil für unser Unternehmen. Und gleichzeitig jede Menge Arbeit über die letzten Jahre. Schließlich mussten relevante Fähigkeiten erlernt, Strukturen und Prozesse etabliert und unzählige Fehler gemacht werden. Rückblickend können wir feststellen, dass einige Maßnahmen einen besonders großen Effekt auf unsere Effektivität und Effizienz hatten.

Dazu zählt der Abschied von klassischen Kontrollinstrumenten und Vorgaben, wie Arbeitszeit, -ort oder Anwesenheit. Tatsächlich sind diese Steuerungsmechanismen langsam auch aus unseren Köpfen verbannt. Urlaubstage zählen wir schon lange nicht mehr und Arbeitszeiten sind irrelevant, solange niemand zu lange arbeitet. So steuert sich jeder effizient selbst. Für die darüber hinaus benötigte Koordination und Transparenz sorgen möglichst einfache Tools wie Whatsapp, geteilte Kalender und E-Mail, nach dem Motto: „Ich muss nicht alles wissen, aber ich kann alles nachschauen."

Ein weiterer Erfolgsfaktor ist die Erweiterung der klassischen Steuerungskriterien (KPIs), wie Umsatz oder Profit, durch *Good Job*-Faktoren. Das bedeutet in der Konsequenz, dass Aufgaben, Themen oder Tätigkeiten auch zielführend sein können, wenn diese beispielsweise den Zusammenhalt des Teams, die Gesundheit, den Spaß oder die persönliche Weiterentwicklung positiv beeinflussen. Und in der Konsequenz erleben wir uns eben auch als „effizient", wenn wir uns mittags zum Schlafen hinlegen, nachmittags zum Sport gehen oder bei Teammeetings nur über Persönliches sprechen.

Platz für Arbeit *statt* Arbeitsplatz

„Mailand oder Madrid –
Hauptsache Italien!"
– Andreas Möller

Eigentlich ist es ja einfach in einem kleinen Unternehmen: Ein nettes Büro an einem guten Standort und alle sind zufrieden. So auch zunächst bei uns. Doch dann wollte der erste lieber in Düsseldorf als in Berlin wohnen, der nächste zu seiner Freundin nach Paris ziehen, der dritte lieber von zu Hause arbeiten oder im Café und der vierte den Schreibtisch temporär gegen einen VW-Bus eintauschen, um „remote" immer von dort zu arbeiten, wo es ihm gerade am besten gefällt.

Das Resultat: Fünf Mitarbeiter teilen sich heute drei Büros in Berlin, Düsseldorf und Paris, ein zusätzliches „Winter-Office" in Kapstadt, einen VW-Bus, VIP-Status in diversen Cafés, und fünf Bahncards – denn im Zug kann man auch hervorragend arbeiten.

Unsere „Unternehmenszentrale" in Düsseldorf hat entsprechend auf drei Etagen auch nur einen Schreibtisch – dafür aber eine Lounge, einen Workshop-Bereich, einen Poker-Raum, ein Schlafzimmer, zwei Bäder mit Badewanne und im Erdgeschoss eine Bar. Kundenmeetings finden, wie bei den besten Parties, in der Küche statt, die zum Besprechungsraum erweitert wurde. Und wenn ein Kunden- oder Teammeeting beendet ist, arbeitet außerhalb des Büros wieder jeder fokussiert dort weiter, wo es gerade am besten passt.

Unsere größte Befürchtung in diesem flexiblen Szenario ist es, dass wir uns (nicht nur örtlich) immer weiter voneinander entfernen, wenn jeder sein eigenes Ding macht. Dieser Sorge steuern wir mit festen wöchentlichen Treffen, Teamevents, jährlichen gemeinsamen Auszeiten und natürlich Whatsapp-Gruppen und (Video-)Telefonaten systematisch entgegen. Aber auch durch kleine Gesten, die unseren Zusammenhalt symbolisieren sollen. So haben wir von Lysander Weiß, seit dieser seinen Lebensmittelpunkt nach Paris verlegt hat, zum Beispiel eine lebensgroße Pappfigur in der Düsseldorfer Zentrale stehen, die uns stets daran erinnert, uns auch ohne konkretes Anliegen mal bei ihm zu melden. Und umgekehrt erlauben ihm Amazons „Echo Show" Video-Lautsprecher, sich einfach per Video-„Drop In" in verschiedene Räume des Düsseldorfer Büros zu schalten. Ohne, dass jemand das Telefon abnehmen oder ein Videotelefonat starten muss, kann er so jederzeit „einfach mal vorbeischauen", wie man es eben auch machen würde, wenn man gemeinsam im Büro sitzt. Darüber hinaus halten wir uns stets mit Fotos und privaten Nachrichten auf dem Laufenden. Dies ist am Arbeitsplatz nicht nur erlaubt, sondern sogar erwünscht!

♥

Wir erwarten, dass das flexible Arbeiten aufgrund des rasanten technologischen Fortschritts bereits in naher Zukunft noch deutlich einfacher wird. Wir freuen uns jedenfalls schon auf unsere Hologramme, und werden spätestens dann sicherlich auch einen komplett frei wählbaren Platz für die Arbeit haben.

Work-Life-Harmonie *statt* Work-Life-Balance

„Das Unternehmen Venture Idea soll
zu einem glücklichen Leben beitragen."
– *Mission Venture Idea*

Wenn meine Arbeit zum Ziel hat, zu meinem glücklichen Leben beizutragen, ist dann die Arbeit eigentlich noch Arbeit oder eher Leben? Und wenn ich ein glückliches Leben habe, heißt das dann, dass ich gut *gearbeitet* oder gut *gelebt* habe – oder beides? Wie würden wir unsere Zeit im Büro, Café, Zug, Co-Working-Space, Winter-Office, VW-Bus, Surfcamp denn nennen, wenn es keine *Arbeit* mehr wäre?

Unser Vorschlag: „*Good Job*"! Und einen solchen *Good Job* können wir wirklich jedem bedingungslos empfehlen. Die dafür passenden Zutaten: Eine Mission, bei der die Mitarbeiter im Mittelpunkt stehen, Kollegen bzw. Partner, mit denen man gerne seine Zeit verbringt, Klarheit über die eigenen Ziele und Wünsche, eine wohlwollende Haltung, Unternehmergeist bzw. die Fähigkeit zum Selbstmanagement und jede Menge schöne Plätze zum Arbeiten.

Haben Sie bereits einen *Good Job*? Dann möchte ich Ihnen und ihrem Unternehmen dazu herzlich gratulieren. Falls ihre Antwort negativ ausfallen sollte, laden wir Sie ein, auf www.goodjob.jetzt/audit zu überprüfen, woran es aktuell noch scheitert. Und wir hoffen, Ihnen mit diesem Buch bereits einige spannende Impulse für den Weg zu ihrem persönlichen *Good Job* geliefert zu haben.

Danksagung

„Wer einen Good Job hat, macht auch einen guten Job!"

Nach diesem Motto leben und arbeiten wir jeden Tag - sowohl im Tagesgeschäft mit Kunden, Geschäftspartnern und Kollegen als auch in diesem Buchprojekt.

Bei einem Buchteam verhält es sich nicht anders als in einem Projektteam mit komplexen Aufgaben in der neuen Arbeitswelt. Es ist keine einfache Aufgabe und erfordert Selbstmotivation, Selbststeuerung und Leidenschaft. Es braucht multidisziplinäres Arbeiten, Wertschätzung gegenüber allen Ideen und unterschiedlichen Arbeitsweisen, eine gute Work-Life-Organisation aufgrund der zusätzlichen Arbeitsbelastung und vieles mehr - das auch in diesem Buch beschrieben wird. Kurz: Das Team benötigte einen Good Job, um *Good Job!* schreiben zu können!

Darüber hinaus bedarf es aber auch vieler Unterstützer - Menschen, die ebenfalls einen „Good Job" machen, und ohne die dieses Buch heute nicht vor Ihnen liegen würde. Zunächst sind dies natürlich unsere engsten Vertrauten, unsere Familien, Partner und Freunde. Ohne deren Unterstützung wäre wohl für keinen aus dem Autorenteam die Arbeit am Buch möglich gewesen. Nicolas Burkhardt möchte daher insbesondere seiner Frau Iryna und seinem Sohn Julius danken für die endlose Inspiration in einem wilden, humorvollen und kreativen Leben. Alexander Kornelsen dankt seinem Vater Heinrich bei der Unterstützung aller noch so verrückten Projekte. Seiner Mutter Irene, die mit ihrem großen Herzen und ihrer unermesslichen Liebe immer Verständnis zeigte, und vor allem seiner Schwester Christine, die mit ihrer Energie und Leidenschaft ein Vorbild für alle ist, die sie umgeben. Florian Lanzer dankt seiner Partnerin Juliane und seiner Familie für das bedingungslose Vertrauen und den ständigen Rückhalt, die im Leben so einiges leichter machen. Lucas Sauberschwarz möchte seiner Frau Lisa dafür danken, dass sie ihm den Mut und das Vertrauen geschenkt hat, die Bowlingkugel vor acht Jahren in Richtung Venture Idea zu werfen. Insbesondere dankt er ihr und seinen beiden Söhnen Leo und Rafael für die vielen schönen Momente an jedem einzelnen Tag. Lysander Weiß dankt seiner Partnerin Charlotte, die ihn auch bei seinem zweiten Buch wieder bedingungslos unterstützt und an ihn geglaubt hat.

Ganz herzlich bedanken möchten wir uns bei unseren Verbündeten – den Mentoren, Sparring-Partnern und Probelesern, die dabei unterstützt haben, die Inhalte weiterzuentwickeln, zu hinterfragen und zu verbessern: Dennis

♥

Wedderkop, Thomas Weiler, Ede und Brigitta Sauberschwarz, Gesa Twardy, Waltraut Weiß-Groß, Iljana Weiß, Melina Althoff, Hannes Hilbert, Reyk Radojewski, Florian Muschaweck, Rolf, Petra und Nina Burkhardt, Christine Oefler, Dunja Frisch, Daniel Ullrich, Dirk Wirth und Jan Wischermann.

Außerdem danken wir Michael Kiesswetter und Michel Abé von der Rheinische Post Mediengruppe, die gemeinsam mit uns und vielen spannenden Gästen in unserem „Good job!" Podcast viele Buchthemen bereits während der Entstehung diskutiert haben.

Besonderer Dank gilt Marc Parat, der unzählige Stunden mit Korrekturen, Überarbeitungen, Grafikerstellung etc. verbracht hat und so im Laufe des Buchprojektes zur unverzichtbaren Unterstützung für das gesamte Autorenteam geworden ist. Tausend Dank, lieber Marc!

Dieses Projekt wäre nie zustande gekommen, hätten wir nicht unsere Kunden und Geschäftspartner an unserer Seite gehabt, die uns durch zahlreiche Projekte und Ideen gezeigt haben, wie wir die (Arbeits-)Welt von morgen gestalten können.

Damit unsere Inhalte schließlich zu einem lesenswerten Buch werden, bedarf es aber weiterer Good Jobs. Zuallererst von den Mitarbeitern des Vahlen-Verlags, die uns bereits zu einem sehr frühen Zeitpunkt des Projektes ihre Unterstützung zugesagt haben. Wir hoffen, dieses Vertrauen nun zurückgeben zu können! Vor allem aber heißt es immer wieder „Good Job" bei unserem Lektor Dennis Brunotte, dem Bindeglied zwischen Autoren und Verlag. Er hält uns nicht nur den Rücken frei, sondern hat auch tatkräftig im Buch unterstützt. Dies wurde komplettiert von Dina Benito, die uns als zusätzliche Lektorin hilfreich zur Seite gestanden hat.

Natürlich möchten wir abschließend in ganz besonderem Maße den zahlreichen Praxiskommentatoren danken. Die Offenheit der Unternehmen und Unternehmensvertreter und ihre Bereitschaft, uns im Rahmen eines stets straffen Zeitplans ihre Inhalte zur Verfügung zu stellen und freizugeben, ist ein ganz besonderes Geschenk für uns und für die Leser!

Diese Liste ließe sich noch lange fortsetzen. „Good Job" daher auch an alle, die wir hier nicht einzeln nennen können, die uns jedoch mit Worten, Taten und Gedanken begleitet haben!

Wir wünschen uns, dass all die oben genannten Menschen genauso stolz wie wir auf unser Werk sein können und es mit Freude in die Welt tragen, um für noch mehr „Good Jobs" zu sorgen!

Nicolas Burkhardt
Alexander Kornelsen
Florian Lanzer
Lucas Sauberschwarz
Lysander Weiß

Referenzen

Good Job – Erfolgreich in der neuen Arbeitswelt

1 Gallup (2018): Engagement Index Deutschland 2018; Pressegespräch: https://www.ilea-institut.de/wp-content/uploads/2018/09/GEI_2018_Mitarbeiterbindung_Agilität.pdf
2 World Economic Forum (2018): 5 things to know about the future of jobs; WEF Online: https://www.weforum.org/agenda/2018/09/future-of-jobs-2018-things-to-know/
3 Wikipedia (2019): VUCA: https://de.wikipedia.org/wiki/VUCA
4 Bennett, N. & Lemoine, G.J. (2014): What VUCA really means for you; HBR Online: https://hbr.org/2014/01/what-vuca-really-means-for-you
5 Müller, T. (2018): Agile Unternehmen sind erfolgreicher am Markt; NZZ Online: https://www.nzz.ch/wirtschaft/agile-unternehmen-sind-erfolgreicher-am-markt-ld.1365331
6 Deloitte (2017): Human Capital Trends Study; Deloitte online: https://www2.deloitte.com/content/dam/Deloitte/de/Documents/human-capital/HC-Trends%20Studie-2017-Globale-Human-Capital-Trends-Poster-Deutschland-Report.pdf, abgerufen am 22.11.2018
7 Achor, S. (2012): Positive Intelligence; Harvard Business Review Online: https://hbr.org/2012/01/positive-intelligence
8 Judge et al. (2001): The Job Satisfaction-Job Performance Relationship: A qualitative and quantitative Review, Psychological Bulletin Vol. 127 No. 3, 376–407.

Lebensentwurf *statt* Lebenslauf

1 Sender, R., Fuchs, S. & Milo, R. (2016): Revised estimates for the number of human and bacteria cells in the body; PLOS biology die Publikation: https://doi.org/10.1101/036103
2 Baier, L. (1985): Gleichheitszeichen. Streitschrift über Abweichung und Identität; Wagenbach
3 Precht, R.D. (2007): Wer bin ich – und wenn ja wie viele? Eine philosophische Reise; Goldman
4 Bundesverband der Personalmanager (2018): Fehlbesetzung; Kienbaum Studie zitiert in Servicebroschüre: https://www.bpm.de/sites/default/files/bpm_service_fehlbesetzung.pdf
5 F.A.Z. (2018): Lieber Roboter als Personaler; F.A.Z. Online: http://www.faz.net/aktuell/beruf-chance/beruf/bewerberauswahl-durch-den-roboter-gar-nicht-so-abwegig-15473478.html
6 Staufenbiel Institut & Kienbaum Consultant International GmbH (2016): Recruiting Trends 2017; Studie: https://www.staufenbiel.de/fileadmin/fm-dam/PDF/Studien/RecruitingTrends_2017.pdf
7 The Ladders (2012): Keeping an eye on recruiter behavior; Studie: https://cdn.theladders.net/static/images/basicSite/pdfs/TheLadders-EyeTracking-StudyC2.pdf
8 HEC (2017): 81% of people lie during their job interview; HEC Online: https://execed.hec.edu/en/news-resources/news/81-of-people-lie-during-their-job-interview
9 Steppat, T. (2016): Die Lüge der Petra Hinz; F.A.Z. Online: http://www.faz.net/aktuell/politik/inland/kein-abi-kein-studium-die-luege-der-petra-hinz-14354367.html

[10] Bersin, J. (2013): Big Data in Human Resources: Talent Analytics (People Analytics) Comes of Age; Forbes Online: https://www.forbes.com/sites/joshbersin/2013/02/17/bigdata-in-human-resources-talent-analytics-comes-of-age/#2bc590bd4cd0

[11] World Economic Forum (2015): How big data is changing recruitment forever; Online: https://www.weforum.org/agenda/2015/07/how-big-data-is-changing-recruitment-forever-2

[12] World Economic Forum (2016): The future of jobs; Report: http://reports.weforum.org/future-of-jobs-2016/skills-stability/#view/fn-13

[13] Ideal (2019): AI For Recruiting: A Definitive Guide For HR Professionals; Blog Post: https://ideal.com/ai-recruiting/

[14] Personalwirtschaft (2018): Big Data und KI etablieren sich im Recruiting; Online: https://www.personalwirtschaft.de/recruiting/artikel/big-data-und-ki-im-recruiting-schreitet-voran.html

[15] McCord, P. (2018): How to hire; Harvard Business Review Online: https://hbr.org/2018/01/how-to-hire

[16] Curtin, M. (2018): The Resume Is Dead. Here's What Innovative Companies (Including Tesla) Are Using to Hire Instead; Inc.com Online: https://www.inc.com/melanie-curtin/resumes-dont-help-you-hire-innovative-people-but-this-does-hint-teslas-doing-it.html?cid=sf01003

[17] Burgess, M. (2017): Just like humans, artificial intelligence can be sexist and racist; WIRED Online: https://www.wired.co.uk/article/machine-learning-bias-prejudice

[18] Weissmann, J. (2018): Amazon Created a Hiring Tool Using A.I. It Immediately Started Discriminating Against Women; Slate Online: https://slate.com/business/2018/10/amazon-artificial-intelligence-hiring-discrimination-women.html?utm_campaign=prtnr&utm_source=facebook.com&utm_medium=social

[19] Stübs, O. (2019): Eignungsdiagnostik: Persönlichkeitstests – Chance oder Risiko?; DRSPGroup Beitrag: https://www.drsp-group.com/executive-search/insights/detail/news/eignungsdiagnostik-persoenlichkeitstests-chance-oder-risiko/

[20] Schwecherl, L. (2013): A Look Inside Lululemon's Unique Goal-Setting Program; greatest Online: https://greatist.com/happiness/lululemon-athletic-company-goal-setting

Begeisterung *statt* Beförderung

[1] McGregor, D. (1960): The human side of the enterprise New York; McGraw-Hill

[2] Cho, J.Y. & Perry, J.L. (2011): Intrinsic Motivation and Employee Attitudes: Role of Managerial Trustworthiness, Goal Directedness, and Extrinsic Reward Expectancy; Review of Public Personnel Administration Vol 32, Issue 4, pp. 382–406

[3] Gagné, M. & Deci, E. (2005): Self-Determination Theory and Work Motivation. Journal of Organizational Behavior. 26. 331 - 362. 10.1002/job.322.

[4] Judge, T.A., Piccolo, R.F., Podsakoff, N.P., Shaw, J.C. & Rich, B.L. (2010): The relationship between pay and job satisfaction: A meta-analysis of the literature; Journal of Vocational Behavior 2010

[5] Kahneman, D. & Deaton, A. (2010): High income improves evaluation of life but not emotional well-being; PNAS September 21, 2010 107 (38)

[6] Wikipedia (2019): Zwei-Faktoren-Theorie (Herzberg): https://de.wikipedia.org/wiki/Zwei-Faktoren-Theorie_(Herzberg)

[7] Johnston, D. & Lee, W.-S. (2012): Extra Status and Extra Stress: Are Promotions Good for Us?; IZA Discussion Paper No. 6675 June 2012

[8] Lepper, M.P., Greene, D. & Nisbett, R.E. (1973): Undermining children's Intrinsic interest with extrinsic reward: A test of the „overjustification" hypothesis; Journal of Personality and Social Psychology. 28 (1)

[9] Curry, S., Wagner, E.H., Grothaus, L.C. (1990): Intrinsic and extrinsic motivation for smoking cessation; J Consult Clin Psychol

[10] Deci, E., Olafsen, A. & Ryan, R. (2017): Self-Determination Theory in Work Organizations: The State of a Science; Annual Review of Organizational Psychology and Organizational Behavior. 4. 10.1146/annurev-orgpsych-032516-113108.

[11] Preenen, P.T.Y., Oeij, P.R.A., Dhondt, S., Kraan, K.O. & Jansen, E. (2016): Why job autonomy matters for young companies' performance: company maturity as a moderator between job autonomy and company performance; World Rev. Enterp. Manag. Sustain. Dev. 12 (1)

[12] Van den Broeck, A., Vansteenkiste, M., De Witte, H., Soenens, B. & Lens, W. (2010): Capturing autonomy, competence, and relatedness at work: Construction and initial validation of the Work-Related Basic Need Satisfaction Scale. (83)

[13] Grautmann, S. (2014): Heute wie ein Mönch arbeiten – morgen wie ein Pilger leben; Der Tagesspiegel Online: https://www.tagesspiegel.de/wirtschaft/schoene-neue-arbeitswelt-heute-wie-ein-moench-arbeiten-morgen-wie-ein-pilger-leben/9900708.html

[14] Vallerand, R.J. & Reid, G. (1984): On the causal effects of perceived competence on intrinsic motivation: A test of cognitive evaluation theory; Journal of Sport Psychology. 6: 94–102.

[15] Andresen, Z. (2017): What to expect during onboarding at top tech companies; paysa Blog Online: https://www.paysa.com/blog/what-to-expect-during-onboarding-at-top-tech-companies/

[16] Baumeister, R. & Leary, M. (1995): The need to belong. Desire for interpersonal attachments as a fundamental human motivation; Psychological Bulletin (117)

[17] Hall, J. (2014) : 11 Simple Ways To Show Your Employees You Care; Forbes Online: https://www.forbes.com/sites/johnhall/2014/03/10/11-simple-ways-to-show-your-employees-you-care/#66cbf5f2450e

Selbstentwicklung *statt* Fremdbestimmung

[1] Jobs, S. (2005): Stanford Commencement Address: https://www.youtube.com/watch?-v=UF8uR6Z6KLc

[2] Precht, R.D. & Lanz, M. (2015): Precht zum Schulsytem : https://www.youtube.com/watch?v=WE-zHN04tD0

[3] Goldmann, M.-L. (2016): Vergesst eure Selbstfindungstrips: Arbeit ist der beste Weg zum Glück; ze.tt Online: https://ze.tt/muss-ich-arbeiten-auch-wenn-mein-job-mich-ungluecklich-macht/

[4] DeGrasse, T.N. (2012): Kids are born scientists: https://www.youtube.com/watch?-v=bvFOeysaNAY

[5] Wikipedia (2019): Kreativität – Kognitive Merkmale: https://de.m.wikipedia.org/wiki/Kreativität#Kognitive_Merkmale

[6] Morgenthaler, M. & Sir Robins, K. (2014): Das Können allein bringt auf Dauer keine Befriedigung; Der Bund Blog Online: https://blog.derbund.ch/berufung/index.php/33942/das-koennen-allein-gibt-auf-dauer-keine-befriedigung/#more-33942

[7] Enzyklo.de (2019): Bulimielernen: http://www.enzyklo.de/Begriff/Bulimielernen

[8] Schultz, T. (2012): Kein Bedarf an Lernautomaten; Süddeutsche Zeitung Online: https://www.sueddeutsche.de/bildung/bachelor-reform-kein-bedarf-an-lernauto-maten-1.140562

[9] dpa (2017): Fast jeder Dritte bricht sein Studium ab; F.A.Z. Online: http://www.faz.net/aktuell/politik/inland/neue-studie-zahl-der-studienabbrecher-steigt-an-15042502.html

[10] Dämon, K. (2015): Wer den Beruf wechselt – und warum; WirtschaftsWoche Online: https://www.wiwo.de/erfolg/hochschule/berufswechsel-wer-den-beruf-wech-selt-und-warum/11744046.html

[11] Heckendorf, K. (2015): Pimp my Mitarbeiter; Die Zeit Online: https://www.zeit.de/2015/39/weiterbildung-unternehmen-investition-mitarbeiter

♥

[12] Seyda, S. & Placke, B. (2017): Die neunte IW-Weiterbildungserhebung – Kosten und Nutzen betrieblicher Weiterbildung; Vierteljahresschrift zur empirischen Wirtschaftsforschung, Jg. 44 IW Köln online: https://www.iwkoeln.de/fileadmin/publikationen/2017/370898/IW-Trends_2017-04_Seyda_Placke.pdf

[13] dpa (2016): Ein Sabbatical ist nicht gleich ein Karriereknick; Handelsblatt Online: https://www.handelsblatt.com/unternehmen/beruf-und-buero/buero-special/auszeit-vom-job-trend-zu-mehr-selbstverwirklichung/12785958-2.html?ticket=ST-1068552-9tUcHogNdeHiqAYbnuvP-ap2

[14] dpa (2016): Ein Sabbatical ist nicht gleich ein Karriereknick; Handelsblatt Online: https://www.handelsblatt.com/unternehmen/beruf-und-buero/buero-special/auszeit-vom-job-trend-zu-mehr-selbstverwirklichung/12785958-2.html?ticket=ST-1068552-9tUcHogNdeHiqAYbnuvP-ap2

[15] Sagmeiser, S. (2009): The power of time off; TED Talk: https://www.youtube.com/watch?v=MNuOmTQdFjA

[16] Crane, B. (2015): For a More Creative Brain, Travel; The Atlantic Online: https://www.theatlantic.com/health/archive/2015/03/for-a-more-creative-brain-travel/388135/

[17] Johansson, F. (2004): The Medici Effect: Breakthrough Insights at the Intersection of Ideas, Concepts, and Cultures; Harvard Business Review Press

[18] LaNasa, M. (2018): Confessions of the Ever-Doubting Creative Generalist; By Yourself Blog Online: https://byrslf.co/confessions-of-the-ever-doubting-creative-generalist-a58f3fe59590

[19] Aus einem persönlichen Gespräch.

[20] Dr. Slaghuis, B. (2016): Karrieretrends 2016; Studie: https://www.bernd-slaghuis.de/karriere-blog/studie-karrieretrends-2016-1/

[21] Aust, M. (2016): Der Sinn des Lebens mit 45; Frankfurter Rundschau Online: http://www.fr.de/panorama/midlife-crisis-der-sinn-des-lebens-mit-45-a-389011

[22] Tamir, L. & Finfer, L. (2017): Younger and Older Executives Need Different Things from Coaching; Harvard Business Review Online: https://hbr.org/2017/07/younger-and-older-executives-need-different-things-from-coaching

[23] Weintraub, J.R. & Hunt, J.M. (2015): 4 Reasons Managers Should Spend More Time on Coaching; Harvard Business Review Online: https://hbr.org/2015/05/4-reasons-managers-should-spend-more-time-on-coaching

[24] Draeger (2019): https://static.draeger.com/hr/HR_Sozialleistungen_Vorteile/DE/index.html

[25] Henkel (2019): https://www.henkel.com/company/henkelx

[26] Beheshti, N. (2018): Are Hard Skills Or Soft Skills More Important To Be An Effective Leader?; Forbes Online: https://www.forbes.com/sites/nazbeheshti/2018/09/24/are-hard-skills-or-soft-skills-more-important-to-be-an-effective-leader/#6e8305782eb3

[27] 16Personalities (2019): https://www.16personalities.com/articles/our-theory

Neue Haltung *statt* neue Hierachie

[1] Wikipedia (2019): Liste der Streitkräfte: https://de.wikipedia.org/wiki/Liste_der_Streitkräfte

[2] Mendoza, M. & Lowy, J. (2013): Investigators interview Asiana Airlines pilots; Los Angeles Times Online: https://www.latimes.com/sdut-investigators-interview-asiana-airlines-pilots-2013jul09-story.html

[3] Wee, H. (2013): Korean culture may offer clues in Asiana crash; CNBC Online: https://www.cnbc.com/id/100869966

[4] Kelley, R. (1988): In Praise of Followers; Harvard Business Review Online: https://hbr.org/1988/11/in-praise-of-followers

[5] Kelley, R. (1988): In Praise of Followers; Harvard Business Review Online: https://hbr.org/1988/11/in-praise-of-followers

[6] Sinek, S. (2017): Gute Chefs essen zuletzt!; Redline Verlag

[7] Berendes, J. (2017): Eine Frage der Haltung? Überlegungen zu einem neuen (und alten) Schlüsselbegriff für die Lehre; Hochschule Karlsruhe Technik und Wirtschaft Publikation: https://www.hs-karlsruhe.de/fileadmin/hska/SCSL/Lehre/Report44_Artikel-Berendes.pdf

[8] Hölldobler, B. & Wilson, E. O. (1990): The Ants; Harvard University Press

[9] Leininger, S. (2017): Flache Hierarchien sorgen für mehr Innovationen; Kienbaum Pressemitteilung: https://www.kienbaum.com/de/news/presse/studie-flache-hierarchien-sorgen-fuer-mehr-innovationen

[10] Goleman, D. (2000): Leadership, that Gets Results; Harvard Business Review Online: https://hbr.org/2000/03/leadership-that-gets-results

Stoppuhr *statt* Stechuhr

[1] Thompson, D. (2014): A Formula for Perfect Productivity: Work for 52 Minutes, Break for 17; The Atlantic Online: https://www.theatlantic.com/business/archive/2014/09/science-tells-you-how-many-minutes-should-you-take-a-break-for-work-17/380369/

[2] Connor, C. (2013): Who wastes the most time at work?; Forbes Online: https://www.forbes.com/sites/cherylsnappconner/2013/09/07/who-wastes-the-most-time-at-work/#5d615d176c39

[3] Compensation Partner (2017): Arbeitszeitmonitor 2017; Studie: https://www.compensation-partner.de/downloads/arbeitszeitmonitor-2017_Studie.pdf

[4] Wikipedia (2019): Karoshi: https://de.wikipedia.org/wiki/Karōshi

[5] Hansen, M. (2018): Great at Work, Simon + Schuster UK.

[6] The Straits Times (2018): South Korea officially drops its maximum workweek to 52 hours to promote work-life balance; The Straits Times Online, https://www.straitstimes.com/asia/east-asia/south-korea-officially-drops-its-maximum-workweek-to-52-hours

[7] dpa (2018): Neuseeländische Fondsgesellschaft wechselt zur Vier-Tage-Woche; Handelsblatt Online: https://www.handelsblatt.com/finanzen/banken-versicherungen/perpetual-guardian-neuseelaendische-fondsgesellschaft-wechselt-zur-vier-tage-woche/23139194.html?ticket=ST-1115417-oxF3dp1QnDqwCsXxGzh2-ap6; Kontrast Redaktion (2018)· Andere Länder zeigen: Arbeitszeitverkürzung nützt allen; Kontrast Online: https://kontrast.at/arbeitszeitverkuerzung-nuetzt-allen/

[8] Michler, I. (2015): Gibt es den Acht-Stunden-Tag überhaupt noch?; Welt Online Online: https://www.welt.de/wirtschaft/article144427507/Gibt-es-den-Acht-Stunden-Tag-ueberhaupt-noch.html

[9] Dixon, L. (2017): Is Time Still the Best Measure of Work in the Knowledge Economy?; Talent Economy Online: https://www.clomedia.com/2017/05/24/time-still-best-measure-work-knowledge-economy/

[10] Amerland, A. (2017): Wie flexibel denn noch?; Springer Professionals Kommentar: https://www.springerprofessional.de/arbeitsrecht/gesundheitspraevention/wie-flexibel-denn-noch/15245664

[11] Niederstadt, J. (2018): Warum weniger arbeiten mehr bringt – und wie es gelingt; WirtschaftsWoche Online: https://www.wiwo.de/erfolg/beruf/produktivitaet-warum-weniger-arbeiten-mehr-bringt-und-wie-es-gelingt/21237206.html

[12] Work smart (2015): https://work-smart-initiative.ch/smart-arbeiten/so-geht-work-smart/

[13] Haufe Online Redaktion (2014): Schöpferische Perioden ausschöpfen – egal wann; Haufe Interview: https://www.haufe.de/personal/hr-management/interview-arbeitszeitfreiheit-schoepferische-perioden-ausschoepfen_80_284788.html

[14] Wikipedia (2019): Results-Only Work Environment: https://de.wikipedia.org/wiki/Results-Only_Work_Environment

[15] Bhasin, K. (2013): Best Buy CEO: Here's Why I Killed The ‚Results Only Work Environment'; Business Insider Online Online: https://www.businessinsider.com/best-buy-ceo-rowe-2013-3?IR=T

[16] Ross, P. (2014): 2014: The Year of Workplace Reinvention; Huffington Post Online: https://www.huffingtonpost.com/pam-ross/workplace-reinvention_b_4541805.html

[17] Achor, S. (2010): The Happiness Advantage; Currency, neue Auflage September 2014

[18] Brien, J. (2015): Aufmerksamkeitsspanne sinkt unter Goldfisch-Niveau: Marketing-Profis müssen reagieren; T3N Online: https://t3n.de/news/aufmerksamkeitsspanne-marketing-611627/

[19] American Psychological Association (2006): Multitasking: Switching costs; APA Studie: https://www.apa.org/research/action/multitask.aspx

[20] Sullivan, B. & Thompson, H. (2013): Brain, interrupted; New York Times Online: https://www.nytimes.com/2013/05/05/opinion/sunday/a-focus-on-distraction.html

[21] Kohl, M. (2017): Volle Konzentration: Wie Sie durch Fokus mehr Produktivität erreichen; Blog Online: https://melanie-kohl.de/volle-konzentration-wie-sie-durch-fokus-mehr-produktivitaet-erreichen/

[22] Google re:work (2019): Understand team effectiveness; Guide: https://rework.withgoogle.com/print/guides/5721312655835136/

[23] Neeley, T. (2014): Communicate Better with Your Global Team; Harvard Business Review Online: https://hbr.org/ideacast/2014/12/communicate-better-with-your-global-team.html

[24] We-Q (2019): https://we-q.com

[25] Enste, D., Grunewald, M. & Kürten, L. (2018): Vertrauen ist gut, Kontrolle ist schlechter; Institut der Deutschen Wirtschaft Online: https://www.iwkoeln.de/presse/pressemitteilungen/beitrag/dominik-h-enste-mara-grunewald-louisa-marie-kuerten-vertrauen-ist-gut-kontrolle-ist-schlechter.html

[26] Seitz, A. (2018): Agilität von morgen; Führen in der Zukunft; Bookboon

[27] Sen, S. (2018): The Next Generation Organizations; Medium Corporation Online: https://medium.com/beyond-thinking/the-next-generation-organizations-60688e8b34e2

[28] Parsons, T. (1951): The Social System; Routledge

[29] Wikipedia (2019): AGIL-Schema: https://de.wikipedia.org/wiki/AGIL-Schema

[30] Groth, A. (2016): Zappos is struggling with Holacracy because humans aren't designed to operate like software; Quartz Online: https://qz.com/849980/zappos-is-struggling-with-holacracy-because-humans-arent-designed-to-operate-like-software/

[31] Bernstein, E., Brunch, J., Canner, N. & Lee, M. (2016): Beyond the Holacracy Hype; Harvard Business Review, July-August 2016 Issue: https://hbr.org/2016/07/beyond-the-holacracy-hype

[32] Bernstein, E., Brunch, J., Canner, N. & Lee, M. (2016): Beyond the Holacracy Hype; Harvard Business Review, July-August 2016 Issue: https://hbr.org/2016/07/beyond-the-holacracy-hype

Platz für Arbeit *statt* Arbeitplatz

[1] Steelcase (2018): Die Arbeitssituation: Fließende Übergänge schaffen; Steelcase Online: https://www.steelcase.com/eu-de/forschung/artikel/themen/kreativitat/die-arbeitssituation-fliesende-ubergange-schaffen/.

[2] Chefsache Business Travel (2018): Studie: Produktivität auf Reisen höher als im Büro; Pressemeldung: https://www.chefsache-businesstravel.de/2018/05/24/studie-produktivitaet-auf-reisen-hoeher-als-im-buero/

[3] Gensler (2016): U.S. Workplace Survey 2016; Publikation: https://www.gensler.com/uploads/document/442/file/gensler_us_wps_2016.pdf

[4] Niesmann, A. (2010): Großraumbüros machen die Mitarbeiter häufig krank; Handelsblatt Online: https://www.handelsblatt.com/unternehmen/management/studie-grossraumbueros-machen-die-mitarbeiter-haeufig-krank/3471880.html

[5] Steelcase (2019): 360° Steelcase Global Report. Mitarbeiterengagement und Arbeitsplätze in aller Welt; Online: https://www.steelcase.com/steelcase-global-report/

[6] Officeprinciple (2019): Activity based working; Online: https://officeprinciples.com/agile-working/activity-based-working/

[7] Detecon (2013): Ein Arbeitsplatz der Zukunft; Detecon management Report BLUE.

[8] Krempl, S. (2018): Siemensstadt 2.0: Siemens baut Technologiepark für 600 Millionen Euro in Berlin; Heise Online: https://www.heise.de/newsticker/meldung/Siemensstadt-2-0-Siemens-baut-Technologiepark-fuer-600-Millionen-Euro-in-Berlin-4208291.html

[9] Brewer, K. (2016): Art works. How Art in the office boosts staff productivity; The Guardian Online: https://www.theguardian.com/careers/2016/jan/21/art-works-how-art-in-the-office-boosts-staff-productivity

[10] Careerbuilder (2017): My Home is my Office: 85 Prozent der Arbeitnehmer wünschen sich mehr Flexibilität bei der Arbeitsgestaltung; Artikel: http://presse.careerbuilder.de/pressreleases/my-home-is-my-office-85-prozent-der-arbeitnehmer-wuenschen-sich-mehr-flexibilitaet-bei-der-arbeitsgestaltung-1869477

[11] Betancur, K. (2016): Sie nennen es Arbeit; Die Zeit Online: https://www.zeit.de/2016/27/digitale-nomaden-arbeiten-reisen

[12] Töpper, V. (2017): Arbeiten vom Segelboot aus „Morgens springen wir erst mal ins Wasser"; Spiegel Online Interview: http://www.spiegel.de/karriere/arbeiten-vom-segelboot-aus-digitale-nomaden-im-mittelmeer-a-1183405-amp.html

[13] Seelig, L. (2018): Home-Office: Warum Arbeitnehmer trotz vieler Vorteile lieber zurück ins Büro wollen; Edition F Online Redaktionsartikel: https://editionf.com/Home-Office-Stanford-Studie-worauf-Unternehmen-achten-muessen

[14] Dämon, K. (2016): Wer zu Hause arbeitet, macht mehr Überstunden; WirtschaftsWoche Online: https://www.wiwo.de/erfolg/beruf/home-office-wer-zu-hause-arbeitet-macht-mehr-ueberstunden/13895650.html

[15] Schlinkert, R. & Raffelhüschen, B. (2018): Glücksatlas 2018; Deutsche Post Studie: https://www.gluecksatlas.de/special.html

[16] Dämon, K. (2016): Wer zu Hause arbeitet, macht mehr Überstunden. WirtschaftsWoche Online: https://www.wiwo.de/erfolg/beruf/home-office-wer-zu-hause-arbeitet-macht-mehr-ueberstunden/13895650.html

[17] Dönisch, A. (2017): Die Vor- und Nachteile von Home-Office; Business Insider Online: https://www.businessinsider.de/die-vorteile-und-nachteile-von-home-office-laut-einem-experten-2017-5

[18] Müller, A. (2015): Auf der Couch statt im Büro arbeiten? Nicht in Deutschland; Stern Online: https://www.stern.de/wirtschaft/news/microsoft-bietet-homeoffice--wie-so-heimarbeit-beim-arbeitgeber-unbeliebt-ist-6454110.html

[19] Dönisch, A. (2017): Die Vor- und Nachteile von Home-Office; Business Insider Online: https://www.businessinsider.de/die-vorteile-und-nachteile-von-home-office-laut-einem-experten-2017-5

[20] bso (2015): bso-Studie 2015 - Status Quo der Büro-Arbeitsplätze in Deutschland; bso-Studie: https://iba.online/site/assets/files/2463/bso-studie-2105_03.pdf

[21] Höhl, R. (2018): 121. Deutscher Ärztetag - Fernbehandlungsverbot gekippt; Ärztezeitung Online Online: https://www.aerztezeitung.de/kongresse/kongresse2018/erfurt2018_aerztetag/article/963610/121-deutscher-aerztetag-fernbehandlungsverbot-gekippt.html

[22] Bitkom (2018): Vier von zehn Unternehmen erlauben Arbeit im Homeoffice; Bitkom online: https://www.bitkom.org/Presse/Presseinformation/Vier-von-zehn-Unternehmen-erlauben-Arbeit-im-Homeoffice.html

[23] Gensler (2016): U.S. Workplace Survey 2016; Publikation: https://www.gensler.com/uploads/document/442/file/gensler_us_wps_2016.pdf

Work-Life-Harmonie *statt* Work-Life-Balance

[1] Arbeitszeit klug gestalten (2019): https://www.arbeitszeit-klug-gestalten.de/alles-zu-arbeitszeitgestaltung/arbeitszeit-und-gesundheit/lage-der-arbeitszeit/

♥

² TU Darmstadt (2019): Work-Life Balance Monitor: http://www.worklifebalance-monitor.com/de/index.html

³ Statista (2019): Statistiken zu Depressionen und Burn-out-Syndrom: https://de.statista.com/themen/161/burnout-syndrom/

⁴ Weller, C. & Olschewski, M. (2016): Japan überdenkt Work-Life-Balance nach Selbstmord; Business Insider Online: https://www.businessinsider.de/japan-ueberdenkt-work-life-balance-nach-selbstmord-2016-12

⁵ Denis, K. (2017): Emailing While You're on Vacation Is a Quick Way to Ruin Company Culture; Harvard Business Review Online: https://hbr.org/2017/12/emailing-while-youre-on-vacation-is-a-quick-way-to-ruin-company-culture

⁶ Maura, T. (2015): Vacation Policy in Corporate America is broken; Harvard Business Review Online: https://hbr.org/2015/06/vacation-policy-in-corporate-america-is-broken

⁷ Kununu (2018) Focus Award: Deutschlands beste Arbeitgeber 2018; Kununu Unternehmesblog: https://news.kununu.com/beste-arbeitgeber-deutschland/

⁸ Gillies, C. (2015): Kult statt Hierarchie: Business Sekten boomen; Handelszeitung Online: https://www.handelszeitung.ch/management/kult-statt-hierarchie-business-sekten-boomen-893534

⁹ Seibel, A. (2015): Google und Facebook sind Business-Sekten; Die Welt Online: https://www.welt.de/print/die_welt/wirtschaft/article150138747/Google-und-Facebook-sind-Business-Sekten.html

¹⁰ Empson, L. (2018): If You're So Successful, Why Are You Still Working 70 Hours a Week?; Harvard Business Review Online: https://hbr.org/2018/02/if-youre-so-successful-why-are-you-still-working-70-hours-a-week

¹¹ Schrimpf, S. (2014):Daimler Mitarbeiter können im Urlaub eingehende E-Mails löschen lassen: https://media.daimler.com/marsMediaSite/de/instance/ko/Daimler-Mitarbeiter-koennen-im-Urlaub-eingehende-E-Mails-loeschen-lassen.xhtml?oid=9919305

¹² Aarstol, S. (2016): What Happened When I Moved My Company To A 5-Hour Workday; Fast Company Online: https://www.fastcompany.com/3063262/what-happened-when-i-moved-my-company-to-a-5-hour-workday

¹³ Pasricha, N. & Nigam, S. (2017): What One Company Learned from Forcing Employees to Use Their Vacation Time https://hbr.org/2017/08/what-one-company-learned-from-forcing-employees-to-use-their-vacation-time

¹⁴ Pasricha, N. & Nigam, S. (2017): What One Company Learned from Forcing Employees to Use Their Vacation Time; Harvard Business Review Online: https://hbr.org/2017/08/what-one-company-learned-from-forcing-employees-to-use-their-vacation-time

¹⁵ Maura, T. (2015): Vacation Policy in Corporate America is broken; Harvard Business Review Online: https://hbr.org/2015/06/vacation-policy-in-corporate-america-is-broken

¹⁶ Meyer, M. (2014): From Open (Unlimited) to Minimum Vacation Policy; Paperplanes Blog: https://www.paperplanes.de/2014/12/10/from-open-to-minimum-vacation-policy.html

¹⁷ Albrecht, C. (2016): Belastungserleben bei Lehrkräften und Ärzten. Neue Ansätze für berufsgruppenspezifische Prävention, Verlag Julius Klinkhardt

¹⁸ Wong, J.C. (2017): Tesla factory workers reveal pain, injury and stress: ‚Everything feels like the future but us'; The Guardian Online: https://www.theguardian.com/technology/2017/may/18/tesla-workers-factory-conditions-elon-musk

¹⁹ Patagonia (2019): https://www.patagonia.com/actionworks/about/

²⁰ Antidiskriminierungsstelle des Bundes (2012): Erfolg kennt kein Alter; Online: https://www.arbeitgeber.de/www%5Carbeitgeber.nsf/res/Leitfaden-Erfolg-kennt-kein-Alter.pdf/$file/Leitfaden-Erfolg-kennt-kein-Alter.pdf

²¹ Peterson, C. (2008): Ikigai and Mortality; Psychology Today Online: https://www.psychologytoday.com/intl/blog/the-good-life/200809/ikigai-and-mortality

Generation All *statt* Generation Y

[1] Kelly Services (2016): Boomtimes; Online: https://www.kellyservices.de/de/siteassets/germany---kelly-services/uploadedfiles/germany_-_kelly_services/new_smart_content/business_resource_center/workforce_trends/baby20boomers20kgwi20ebook.pdf

[2] Handelsblatt (2016): Chefs, vergesst Generation X, Y und Z!; WirtschaftsWoche online: https://www.wiwo.de/arbeitswelt-4-0-chefs-vergesst-generation-x-y-und-z/14649716.html

[3] Nielsen (2015): Global Generational Lifestyles; Nielsen online: https://www.nielsen.com/content/dam/nielsenglobal/eu/docs/pdf/Global%20Generational%20Lifestyles%20Report%20FINAL.PDF

[4] Handelsblatt (2016): Chefs, vergesst Generation X, Y und Z!; WirtschaftsWoche online: https://www.wiwo.de/arbeitswelt-4-0-chefs-vergesst-generation-x-y-und-z/14649716.html

[5] Kelly Services (2016): Boomtimes; Online: https://www.kellyservices.de/de/siteassets/germany---kelly-services/uploadedfiles/germany_-_kelly_services/new_smart_content/business_resource_center/workforce_trends/baby20boomers20kgwi20ebook.pdf

[6] Süddeutsche Zeitung (2014): Studenten streben in den Staatsdienst; Süddeutsche Zeitung online: https://www.sueddeutsche.de/karriere/umfrage-zu-bevorzugten-arbeitgebern-studenten-streben-in-den-staatsdienst-1.2028390

[7] Herr, S. (2017): So tickt die „Generation Z": Audi untersucht Ziele und Wünsche der jüngsten Arbeitnehmer; Audi online: https://www.audi-mediacenter.com/de/pressemitteilungen/so-tickt-die-generation-z-audi-untersucht-ziele-und-wuensche-der-juengsten-arbeitnehmer-9065

[8] Süddeutsche Zeitung (2014): Studenten streben in den Staatsdienst; Süddeutsche Zeitung Online: https://www.sueddeutsche.de/karriere/umfrage-zu-bevorzugten-arbeitgebern-studenten-streben-in-den-staatsdienst-1.2028390

[9] Orizon (2014): Studie Arbeitsmarkt 2014: Orizon Studie: https://www.orizon.de/uploads/tx_ozttnews/Orizon_Diagramme_Arbeitsmarktstudie_2014_gesamt_15122014_01.pdf

[10] Nielsen (2015): Global Generational Lifestyles; Nielsen online: https://www.nielsen.com/content/dam/nielsenglobal/eu/docs/pdf/Global%20Generational%20Lifestyles%20Report%20FINAL.PDF

[11] Pennekamp, J. (2018): Der Mythos über die Generation Y; F.A.Z. Online: http://www.faz.net/aktuell/wirtschaft/generation-y-millennials-arbeiten-genauso-viel-wie-aeltere-generation-15451067.html

[12] Handelsblatt (2016): Chefs, vergesst Generation X, Y und Z!; WirtschaftsWoche online: https://www.wiwo.de/arbeitswelt-4-0-chefs-vergesst-generation-x-y-und-z/14649716.html

[13] IBM Institute for Business Value (2015): Myths, exaggerations and uncomfortable truths; IBM Executive Report: ftp://ftp.software.ibm.com/software//nz/downloads/Myths_exaggerations_and_uncomfortable_truths_Executive_Report.pdf

[14] IBM Institute for Business Value (2015): Myths, exaggerations and uncomfortable truths; IBM Executive Report: ftp://ftp.software.ibm.com/software//nz/downloads/Myths_exaggerations_and_uncomfortable_truths_Executive_Report.pdf

[15] Oertel, J. (2014): Baby Boomer und Generation X – Charakteristika der etablierten Arbeitnehmer-Generationen. In : Klaffke, M.(2014): Generationen-Management, Springer

[16] dpa (2017): Ältere Kollegen werden für Firmen wichtig; Welt online: https://www.welt.de/newsticker/dpa_nt/infoline_nt/wirtschaft_nt/article166097051/Aeltere-Kollegen-werden-fuer-Firmen-wichtig.html

♥

[17] Hüttermann, H. (2016): Jung und Alt im selben Team: Potenzial gezielt nutzen; Die Volkswirtschaft Online: https://dievolkswirtschaft.ch/de/2016/05/huettermann-06-2016/

[18] Hüttermann, H. (2016): Jung und Alt im selben Team: Potenzial gezielt nutzen; Die Volkswirtschaft Online: https://dievolkswirtschaft.ch/de/2016/05/huettermann-06-2016/

[19] Financial Times (2018): Gender-diverse companies are more productive; Financial Times Online: https://www.ft.com/content/b83c74f4-2209-11e8-add1-0e8958b189ea

[20] Antidiskriminierungsstelle des Bundes (2012): Erfolg kennt kein Alter; Bundesagentur für Arbeit Publikation: https://www.arbeitgeber.de/www%5Carbeitgeber.nsf/res/Leitfaden-Erfolg-kennt-kein-Alter.pdf/$file/Leitfaden-Erfolg-kennt-kein-Alter.pdf

[21] Drewniak, U. (2009): Inside age diversity at Deutsche Bank; Human Resources Director Australia Online: https://www.hcamag.com/hr-resources/hr-strategy/inside-age-diversity-at-deutsche-bank-115419.aspx

Index

♥